高等院校软件应用系列教材

Python
程序设计

主　编　孔令信　刘振东　马亚军

副主编　谢克武　韦暟圣

主　审　甘利杰

重庆大学出版社

内容提要

Python 语言是一种面向对象、解释型的高级程序设计语言,具有简洁的语法、优雅的表达、强大的功能、丰富的数据结构和库等特点,非常适合初学者作为入门语言,并可以同时满足大多数应用领域的开发需求,特别是在数据分析、机器学习、网络爬虫、Web 开发、系统运维等领域异军突起,一跃成为全球受欢迎的语言之一。本书在编写过程中,从程序设计的基本概念入手,强化了 Python 的语法基础,以实际应用为导向,分模块对相关知识进行阐述。全书共分为 11 章,主要内容有程序设计与算法、初识 Python、Python 语言基础、程序流程控制、Python 的组合数据结构、函数、面向对象程序设计、文件操作、正则表达式、Python 与网络爬虫、数据分析与绘图基础。

本书既可作为应用型普通高等院校计算机、大数据等专业的计算机程序设计课程教材,也可作为非计算机专业程序设计基础课程的教材。本书配套编写了《Python 程序设计实践》,可用于本书所涉及章节的实践环节教学。

图书在版编目(CIP)数据

Python 程序设计/孔令信,刘振东,马亚军主编
.--重庆:重庆大学出版社,2021.3(2024.1 重印)
高等院校软件应用系列教材
ISBN 978-7-5689-2602-7

Ⅰ.①P… Ⅱ.①孔… ②刘… ③马… Ⅲ.①软件工具—程序设计—高等学校—教材 Ⅳ.①TP311.561

中国版本图书馆 CIP 数据核字(2021)第 040772 号

Python 程序设计
Python CHENGXU SHEJI
主　编　孔令信　刘振东　马亚军
副主编　谢克武　韦赜圣
主　审　甘利杰
策划编辑:鲁　黎
责任编辑:陈　力　　版式设计:鲁　黎
责任校对:王　倩　　责任印制:张　策
*
重庆大学出版社出版发行
出版人:陈晓阳
社址:重庆市沙坪坝区大学城西路 21 号
邮编:401331
电话:(023) 88617190　88617185(中小学)
传真:(023) 88617186　88617166
网址:http://www.cqup.com.cn
邮箱:fxk@ cqup.com.cn (营销中心)
全国新华书店经销
重庆升光电力印务有限公司印刷
*
开本:787mm×1092mm　1/16　印张:12.25　字数:286 千
2021 年 3 月第 1 版　　2024 年 1 月第 4 次印刷
印数:9 701—12 200
ISBN 978-7-5689-2602-7　定价:46.00 元

FOREWORD

前　言

Python 语言是一种面向对象、解释型的高级程序设计语言，具有简洁的语法、优雅的表达、强大的功能、丰富的数据结构和库等特点，非常适合初学者作为入门语言，并可以同时满足大多数应用领域的开发需求，特别是在数据分析、机器学习、网络爬虫、Web 开发、系统运维等领域异军突起，一跃成为全球受欢迎的程序设计语言之一。

在版本选择上，Python 的官方仍然同时对 Python 2.x 和 Python 3.x 进行维护和服务，但慢慢朝着 3.x 转移，目前 Python 2.x 的最高版本为 Python 2.7，并且官网明确表示，从 2020 年开始停止对 Python 2.x 进行维护，建议用户迁移至 Python 3.x 版本。本书选择在 Windows 环境下的 Python 3.8 为程序解释环境。

在开发环境选择上，Python 的集成开发环境较多，除官网提供的 IDLE 外，还有 Anaconda3、PyCharm、wingIDE、Eric、PythonWin、Eclipse+PyDew 等。为了方便教师在教学过程中操作和演示，本书选择 Anaconda3 作为开发环境，书中所有程序代码均在 Anaconda3 的 jupyter notebook 和 spyder 中调试通过。

在程序代码实现过程中，本书并未大量使用 Python 语法特点，而是使用传统程序设计语言对程序的描述方法，突出了程序的结构、算法的描述，旨在培养学生分析问题的能力和逻辑思维能力。

全书共分为 11 章：程序设计与算法、初识 Python、Python 语言基础、程序流程控制、Python 的组合数据结构、函数、面向对象程序设计、文件操作、正则表达式、Python 与网络爬虫、数据分析与绘图基础。本书涉及的内容，可在教学实施过程中根据专业需求和课时安排，选择部分章节进行模块化教学。本书配套编写了《Python 程序设计实践》，可用于本书所涉及章节的实践环节教学。

本书由重庆工商大学派斯学院孔令信、刘振东、马亚军担任主编，谢克武、韦赜圣担任副主编，甘利杰担任主审，其中孔令信负责第 1、2、3、5、6 章的编写，马亚军负责第 4 章的编写，刘振东负责第 7、8 章的编写，谢克武负责第 9、10 章的编写，韦赜圣负责第 11 章的编写，最后孔令信负责全书的统稿工作。

因编者水平有限，书中难免存在疏漏之处，敬请读者批评指正。

编　者

2020 年 7 月

前 言

FOREWORD

CONTENTS

目　录

第1章　程序设计与算法

程序设计是指利用计算机语言，描述计算机解决某个指定问题的基本过程，是软件开发的一个重要组成部分。本章主要介绍程序设计的基本概念、程序设计语言、算法的基本概念和程序设计的基本过程。

1.1　程序设计的基本概念

计算机之所以能按照用户的意图自动完成操作，主要原因是采用了存储程序和程序控制的思想。用户在“命令”计算机完成某一操作之前，需要将一些复杂工序按照一定的顺序进行编排，这一编排的过程就是程序设计的过程。而其中的每一道工序称为指令，在计算机中，指令包含操作码和操作数两个部分，其中，操作码描述了指令所完成动作的类型，而操作数描述了指令操作的对象。

程序的定义较为广泛，其核心是顺序和流程。在计算机中，程序是指一组指示计算机或其他具有信息处理能力装置执行动作或做出判断的指令，通常用某种程序设计语言编写，运行于特定的计算机体系结构上。

1.2　程序设计语言

自然语言是人们日常交流的主要工具，不同的语言有着不同的表达和描述形式。程序设计语言是人与计算机之间进行交流的工具。但是，计算机只能识别机器语言，无法直接识别自然语言。因此，还需要一个中间的翻译过程，这一翻译过程对编写计算机程序的数字、字符等做了详细的规定，由这些字符和语法规则组成计算机语言。

1.2.1　计算机语言的发展过程

计算机语言发展至今，大概经历了机器语言、汇编语言和高级语言3个阶段。

1)机器语言

机器语言是计算机直接可以识别的语言。机器语言的指令由“0”和“1”组成的二进制数按照指定的顺序排列构成，且指令的操作码和操作数都是同等地位地存放在内存中。因此，机器语言的可读性很差，而且编程工作量大，编程难度高。

由于每台计算机的指令系统往往各不相同，所以，在一台计算机上执行的程序，要想在另一台计算机上执行，必须另编程序，造成了重复工作。但由于机器语言使用的是针对特定型号计算机的语言，故而运算效率是所有语言中最高的。

2)汇编语言

汇编语言是用助记符代替机器指令的操作码,用地址符号或标号代替指令或操作数的地址来降低编程的难度。由于增加了助记符,使用汇编语言写的程序并不能让计算机直接识别,需要一套专门的翻译程序,将符号翻译成二进制的机器语言,这种翻译程序称为汇编程序。

和机器语言一样,汇编语言同样十分依赖机器硬件,移植性不好,但效率却很高,针对计算机特定硬件而编制的汇编语言程序,能准确发挥计算机硬件的功能和特长,程序精练而质量高,所以在过去的很长一段时间,汇编语言是单片机、嵌入式开发时常用的、强有力的开发语言。

3)高级语言

高级语言与计算机的硬件结构及指令系统无关,它使用较为接近自然语言的描述方式,可方便地表示数据的运算和程序的控制结构,能更好地描述各种算法,而且容易学习掌握。但高级语言编译生成的程序代码一般比用汇编程序语言设计的程序代码要长,执行的速度也慢。

高级语言一般适合开发面向用户应用层的程序,而不适合开发面向底层硬件的系统程序。

1.2.2 计算机语言的分类

高级语言的分类方式很多,按照其处理问题的方式,可分为以下3种。

1)面向过程的语言

面向过程的语言也称为结构化程序设计语言。在面向过程程序设计中,问题被看作一系列需要完成的任务,程序员在编写程序时,需要详细描述解决问题的过程和细节,也就是不仅要说明做什么,还要详细说明如何去做。面向过程的语言主要观点是采用自顶向下、逐步求精的程序设计方法,使用3种基本控制结构构造程序,即任何程序都可由顺序、选择、循环3种基本控制结构构造。

2)面向问题的语言

面向问题的语言也称为非结构化语言。在面向问题的语言编程中,程序员不必关注问题的求解过程和求解方法,只需要按照指定格式指出输入和期望得到的输出即可。例如,面向关系数据库的SQL(Structured Query Language)语言。

3)面向对象的语言

面向对象的语言在编写程序时,程序员将客观事物抽象为具有属性和行为的对象,再将具有相同属性和行为的对象抽象为类,通过继承、多态等方式大大提高代码重用和程序开发效率。同时,也可以通过封装的方法增加代码的安全性。

按照程序执行的方式,可以分为以下两种。

1)编译型语言

编译型语言编写的程序在执行之前,需要将程序源代码“翻译”成目标代码,再经过连接程序将程序运行所需程序库以及其他模块打包成一个完整的可执行程序。因此其目标程序可以脱离其语言环境独立执行,使用比较方便、效率较高。但应用程序一旦需要修改,必须先修改源代码,再重新编译生成新的目标文件才能执行。

2)解释型语言

解释型语言编写的程序执行方式类似于人们日常生活中的“同声翻译”,应用程序源代码一边由相应语言的解释器“翻译”成目标代码,一边执行,因此效率比较低,而且不能生成可独立执行的文件,应用程序不能脱离其解释器,但这种方式比较灵活,可以动态地调整、修改应用程序。

1.3 算法的基本概念

算法是程序设计的灵魂,著名计算机科学家、Pascal 语言之父、图灵奖获得者尼古拉斯·沃斯曾提出一个著名公式:

程序 = 数据结构 + 算法

其中,数据结构描述了数据元素直接的关系,最终表现出来的就是数据在计算机中的存储方式,不同语言的数据结构略有不同。算法描述了在特定数据结构的基础上解决问题的具体方法和步骤。

1.3.1 算法的特征

一个算法应具有以下 5 个重要的特征。

①有穷性:算法的有穷性是指算法必须能在执行有限个步骤之后终止。

②确切性:算法的每一步骤必须有确切的定义。

③可行性:算法中执行的任何计算步骤都是可以被分解为基本的可执行的操作步骤,即每个计算步骤都可以在有限时间内完成(也称为有效性)。

④输入:一个算法有 0 个或多个输入,用于描述运算对象的初始情况,所谓 0 个输入是指算法本身定出了初始条件。

⑤输出:一个算法有一个或多个输出,以反映对输入数据加工后的结果,没有输出的算法是毫无意义的。

1.3.2 算法的描述

描述算法的方法有多种,常用的有自然语言、结构化流程图、伪代码等。

1)自然语言

自然语言就是人们日常使用的语言,可以是汉语、英语或其他语言。用自然语言表示

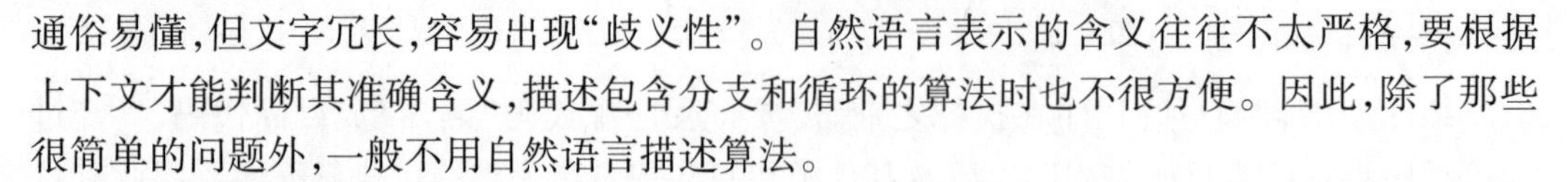

通俗易懂,但文字冗长,容易出现“歧义性”。自然语言表示的含义往往不太严格,要根据上下文才能判断其准确含义,描述包含分支和循环的算法时也不很方便。因此,除了那些很简单的问题外,一般不用自然语言描述算法。

2)结构化流程图

流程图是用一些图框来表示各种类型的操作,在框内写出各个步骤,然后用带箭头的线把它们连接起来,以表示执行的先后顺序。用图形表示算法,直观形象,易于理解。常见的流程图符号及功能见表1-1。

表1-1 流程图常见符号及功能表

名 称	图 形	功 能
处理框(矩形框)		表示一般的处理功能
判断框(菱形框)		表示对一个给定的条件进行判断,根据给定的条件是否成立决定如何执行其后的操作
输入输出框(平行四边形框)		表示必要的输入和输出
起止框(圆弧形框)		表示流程开始或结束
连接点(圆圈)	○	用于将画在不同地方的流程线连接起来
流程线(指向线)	→↓	表示流程的路径和方向

传统流程图用流程线指出各框的执行顺序,对流程线的使用没有严格限制。因此,在算法的表达上非常方便和直观,但如果一个算法较为复杂时,可能会由于流程线过多而导致算法理解困难。随着结构化程序设计的出现,所有算法的描述被分为3类,即顺序结构、分支结构和循环结构,其基本流程图如图1-1、图1-2、图1-3所示。

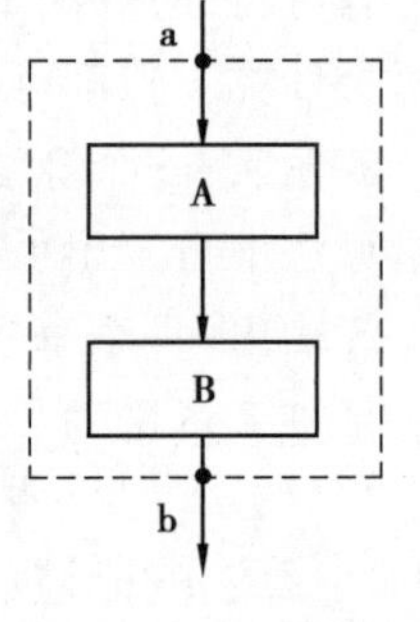

图1-1 顺序结构基本流程图

1973年美国学者I.Nassi和B.Shneiderman提出了一种新的流程图形式。在这种流程图中,完全去掉了带箭头的流程线。全部算法写在一个矩形框内,这种流程图又称为N-S结构化流程图。算法的3种基本结构的N-S流程图如图1-4、图1-5、图1-6所示。

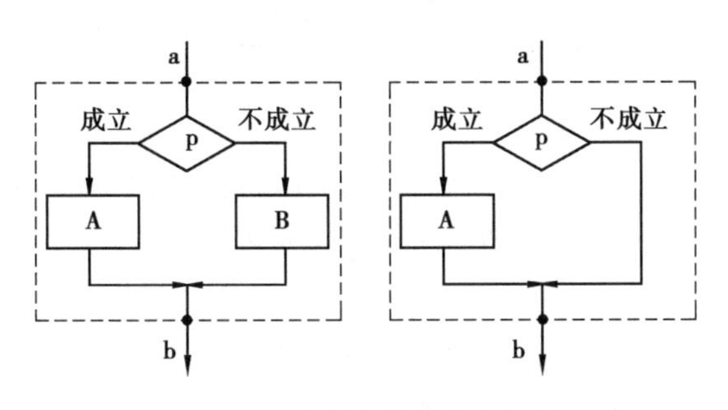

图 1-2 分支结构基本流程图

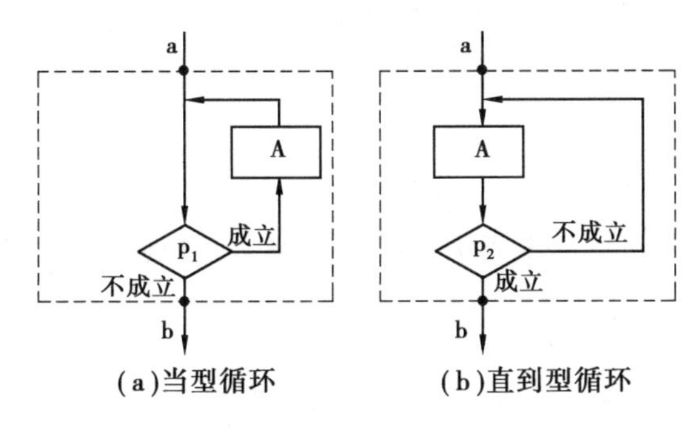

图 1-3 循环结构基本流程图

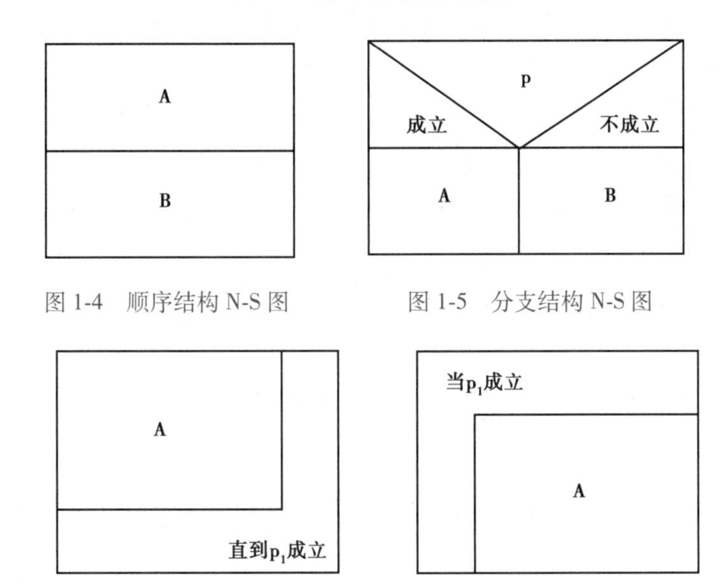

图 1-4 顺序结构 N-S 图

图 1-5 分支结构 N-S 图

图 1-6 循环结构 N-S 图

3)伪代码

伪代码是用介于自然语言和计算机语言之间的文字和符号来描述算法。书写方便、格式紧凑,也比较好懂,也便于向计算机语言算法(即程序)过渡。

1.3.3 衡量算法的标准

同一问题可用不同算法解决,而一个算法的质量优劣将影响到算法乃至程序的效率。一个算法的评价主要从时间复杂度和空间复杂度来考虑。

1)时间复杂度

算法的时间复杂度是指执行算法所需要的计算工作量。一般来说,计算机算法是问题规模 n 的函数 $f(n)$,算法的时间复杂度也因此记为:$T(n)=O(f(n))$。

因此,问题的规模 n 越大,算法执行的时间的增长率与 $f(n)$ 的增长率正相关,称为渐进时间复杂度,简称时间复杂度。

2)空间复杂度

算法的空间复杂度是指算法需要消耗的内存空间。其计算和表示方法与时间复杂度类似,一般使用复杂度的渐近性来表示。同时间复杂度相比,空间复杂度的分析要简单得多。

1.4 程序设计的基本过程

程序设计的基本过程包括了分析问题、设计算法、编写程序、程序测试、编写程序文档等5个基本步骤。

1)分析问题

对问题进行认真的分析,研究所给定的条件,分析最后应达到的目标,找出解决问题的规律,选择解题的方法,完成实际问题。

2)设计算法

设计算法即设计出解题的方法和具体步骤。

3)编写程序

将算法翻译成计算机程序设计语言,对源程序进行编辑、编译和连接。

4)程序测试

程序运行后能得到运行结果并不意味着程序正确,要对结果进行分析,确保程序的合理性和正确性。

5)编写程序文档

许多程序是提供给别人使用的,如同正式的产品应当提供产品说明书一样,正式提供给用户使用的程序,必须向用户提供程序说明书。内容应包括程序名称、程序功能、运行环境、程序的装入和启动、需要输入的数据以及使用注意事项等。

第 2 章　初识 Python

Python 官方网站上对其描述是这样的：

Python is powerful... and fast；

plays well with others；

runs everywhere；

is friendly & easy to learn；

is Open.

Python 语言以其简洁性、可扩展、开源等特性，在数据分析、机器学习、网络爬虫、Web 开发、系统运维等领域异军突起，一跃成为全球受欢迎的计算机语言之一。本章主要有 Python 概述、Python 开发环境等内容。

2.1　Python 概述

Python 是一种面向对象、解释型的高级程序设计语言，具有简洁的语法、优雅的表达、强大的功能、丰富的数据结构和库等特点，非常适合初学者作为入门语言，并同时满足大多数应用领域的开发需求。

2.1.1　Python 的发展史

Python 语言是荷兰人 Guido van Rossum 于 1989 年年底在荷兰国家数学与计算机科学研究所设计出来的。由于 Guido van Rossum 本人非常喜欢 *Monty Python's Flying Circus*（一部英国的电视喜剧），故取其中 Python 为名。Python 语言在设计过程中融入了 ABC、Modula-3、C、C++、Algol-68、SmallTalk、Unix shell 等语言的设计精髓，使其变得异常强大，且能很好地支持其他语言。

1991 年，Python 的第一个公开发行版诞生。由于其强大的功能和开源模式发行，Python 用户急剧增加，并形成了一个庞大"Python 社区"，从而促进了 Python 的继续强势发展。

2000 年，Python 2.0 发布，在"Python 社区"助力下，该版本增加了很多新的语言特性。

2008 年，Python 3.0 发布，和其他语言不一样的是，该版本并不完全兼容 Python 以前的版本，新版本的 Python 从以前的命令编程模式转变为函数编程模式。

Python 的官方仍然对 Python 2.x 和 Python 3.x 进行维护和服务，但慢慢朝着 3.x 转移，目前 Python 2.x 的最高版本为 Python 2.7，但官网明确表示，从 2020 年开始停止对 Python 2.x 停止维护，建议用户迁移至 Python 3.x 版本。本书选择了在 Windows 环境下的 Python 3.8 为程序解释环境。

2.1.2 Python 的主要特点

Python 之所以能够受很多人青睐，是因为其有下述优点。

1）简单易学

Python 的语法结构简单、明确，使得初学者不必专注问题的语法结构，而专注问题本身的解决方法，更接近用英语直接描述问题。

2）开源和可移植性

Python 的用户不仅可以直接在其官网获取，而且庞大的社区为 Python 的学习和开发提供了强有力的支持，同时，Python 可以在许多平台上直接使用。例如，在大多数的 Linux 的发行版本以及 Mac OS 系统中都自带了 Python 2.x 版本。

3）丰富的数据类型

Python 除了支持基本的数值类型外，还提供了字符串、列表、元组、字典、集合等复合数据结构，方便用户解决实际问题。

4）强大的库

Python 本身提供的标准库非常庞大，基本涵盖了网络开发、GUI 开发、文本等各种应用领域。除此之外，Python 有很多第三方库，可以供用户直接使用。

5）可扩展和嵌入性

Python 被称为“胶水”语言，用户可以直接调用 C/C++等语言编写的模块，也可以把 Python 语言编写的程序嵌入 C/C++等语言编写的程序中。

6）面向对象和解释性

Python 是一门既支持面向过程，又支持面向对象的解释性语言。

2.1.3 Python 的应用领域

1）科学计算和数据分析

Python 中用于科学计算和数据分析的模块很多，例如 NumPy、Matplotlib、Pandas 等，涵盖了计算、绘图、数据可视化等各种工具。

2）网络应用与 Web 开发

Python 提供了 urllib、cookielib、httplib、scrapy 等大量模块，结合多线程编程可以快速开发网络爬虫类的应用程序，同时，Python 还提供了 web2py、django 等开发框架，非常适合用户从事 Web 开发。

3）数据库应用

Python 提供了与主流关系数据库交互的接口，而且内置了轻量级的 SQLite 数据库，用户可以直接通过 sqlite3 模块直接访问。

4)系统运维

Python 可以在 Windows、Linux、Mac OS 等常见操作系统进行应用程序开发,而且 Python 编写的脚本程序在可读性、性能、代码重用等方面都优于其他 shell 脚本。

5)图形、游戏开发

Python 提供了 tkinter、PyGTK、PyQt 等图形界面库,可供用户编写 GUI 程序;PyGame、Pykyra 等游戏开发框架进行游戏开发。

2.2 Python 开发环境

Python 的集成开发环境较多,除官网提供的 IDLE 外,还有 Anaconda3、PyCharm、wing-IDE、Eric、PythonWin、Eclipse+PyDew 等。用户可以根据自己的开发需求,选择对应的开发环境。本书中所有程序代码均在 Anaconda3 的 jupyter notebook 和 spyder 中调试通过。

本节内容只介绍在 Windows 环境下搭建 Python3 IDLE 和 Anaconda3 开发环境。

2.2.1 Python3 IDLE

Python3 IDLE 可以直接在其官网下载。用户需根据所使用操作系统的版本及位数,选择合适的版本。Python 3.5 以上版本不支持在 Windows XP 及以前的操作系统安装,Python 3.9以上版本不支持在 Windows 7 及以前的操作系统安装。在 64 位的操作系统中可以安装 64 位或者 32 位的应用程序,但在 32 位的操作系统中,只能安装 32 位的应用程序。

1)安装(以 Python 3.8.6 32 位为例)

①双击安装应用程序后,进入安装的第一步:选择安装方式,如图 2-1 所示。

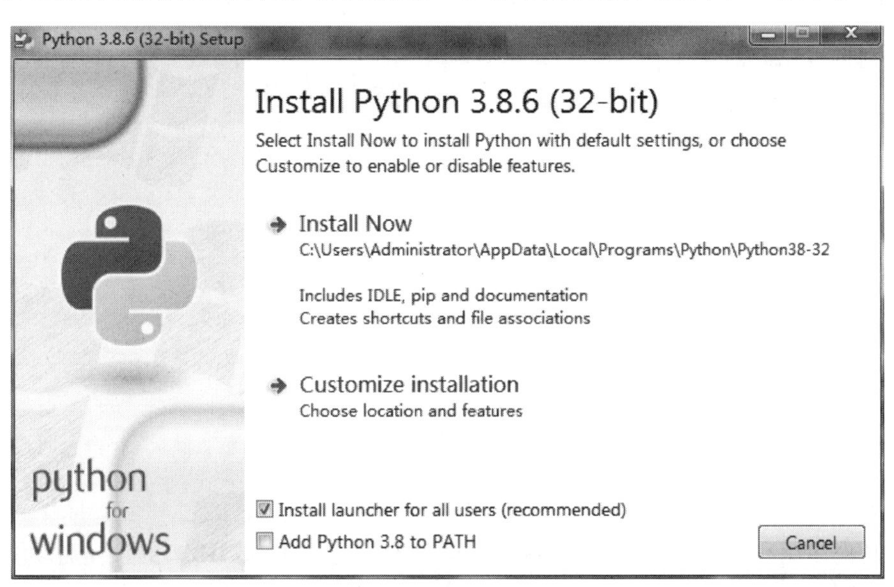

图 2-1 选择安装方式

②用户可以选择勾选“Add Python 3.8 to PATH”选项，将 Python 添加到环境变量中，安装结束后无须配置环境变量，然后单击“Install Now”进入下一步，安装程序会检测系统环境，系统环境检测通过后，自动进入安装界面，如图 2-2 所示。

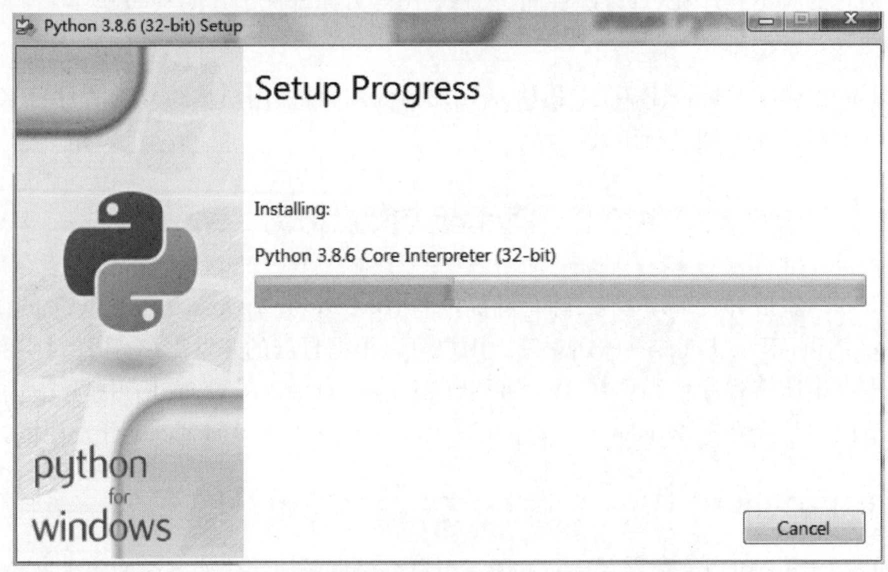

图 2-2　安装过程界面

③等待安装结束后，单击“Close”按钮即可完成安装，如图 2-3 所示。

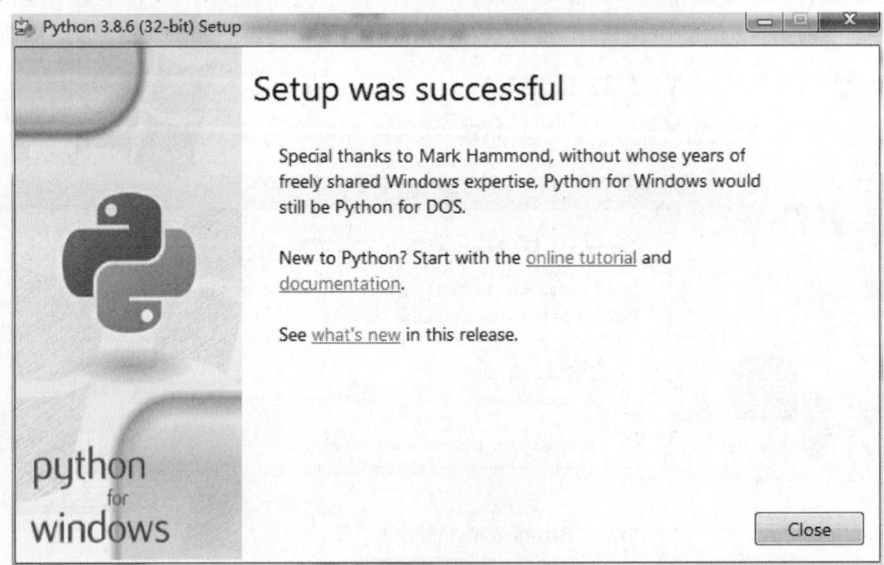

图 2-3　安装完成界面

2）基本界面

和其他应用程序一样，用户可以在开始菜单中找到 Python3 IDLE 的快捷启动图标，单击启动应用程序后，打开 Python3 IDLE 的 Shell 交互界面，如图 2-4 所示。

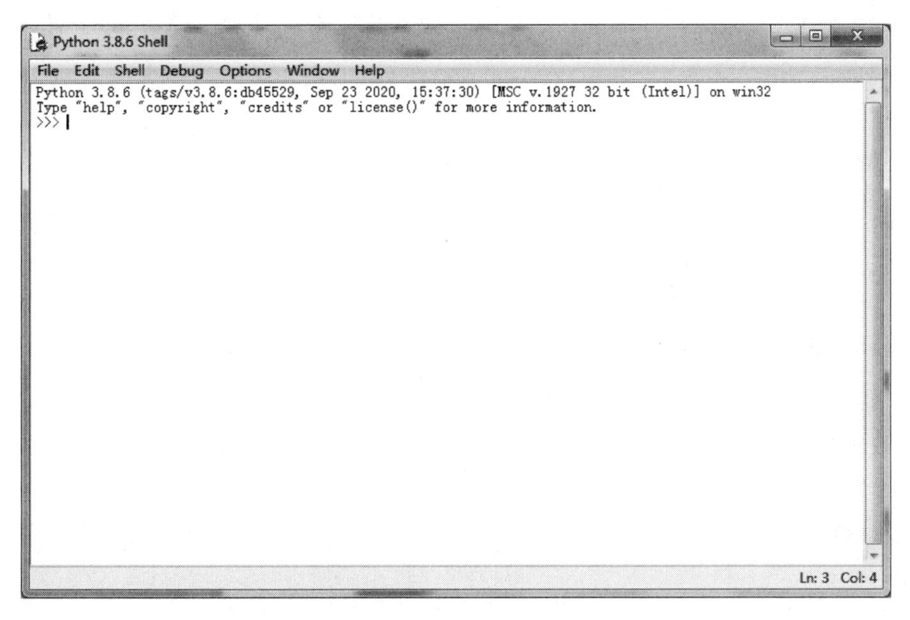

图 2-4　Python3 IDLE Shell 交互界面

用户可以在“>>>”提示符后输入 Python 命令或者表达式，输入回车键执行命令或表达式。在“Shell”交互模式下执行的命令或者表达式不会生成文件，且每次只能执行一行命令，若命令较长时，可在当前行键入“\”，回车后在下一行继续输入，系统会自动合并对行命令为一行。

若用户需要连续执行多条命令或者编写程序时，需选择“File”菜单中“New File”选项创建 Python 文件，其工作界面如图 2-5 所示。

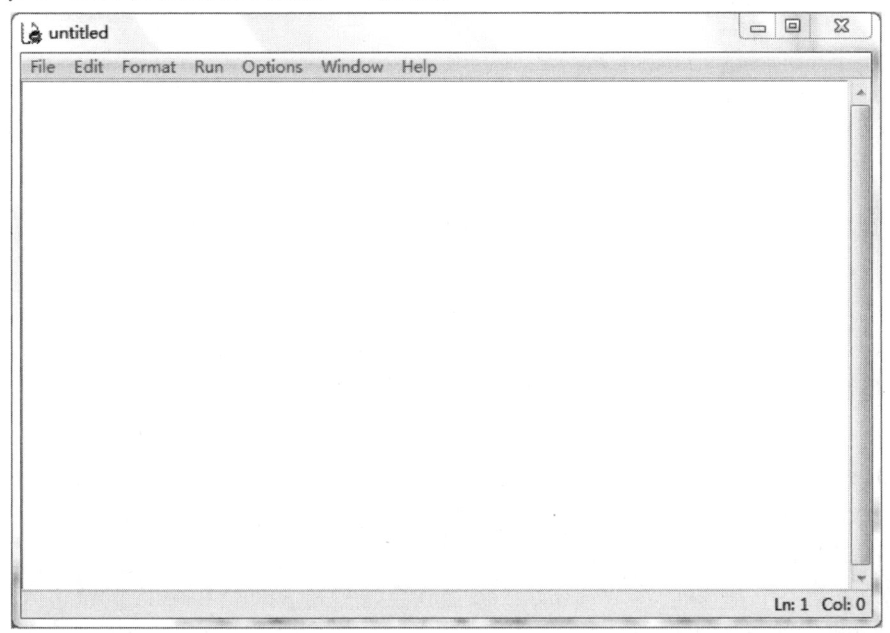

图 2-5　Python 程序编写窗口

用户编辑的代码将以“.py”文件格式存储。可以选择“Run”菜单中“Run Module”或者按“F5”运行程序，程序运行结果将在Shell窗口显示。

2.2.2 Anaconda3

Anaconda3的个人版是一个开源的、用于科学计算的Python发行版，不仅集成了Python工具包，还集成了很多用于科学计算、数据分析的工具包，无须用户使用pip进行安装。

Anaconda3可以直接在其官网下载。目前Anaconda3支持Python 3.8版本。

1)安装(以Anaconda3 32位为例)

①双击安装应用程序后，安装程序检测系统安装环境，检测通过后，进入安装界面，如图2-6所示。

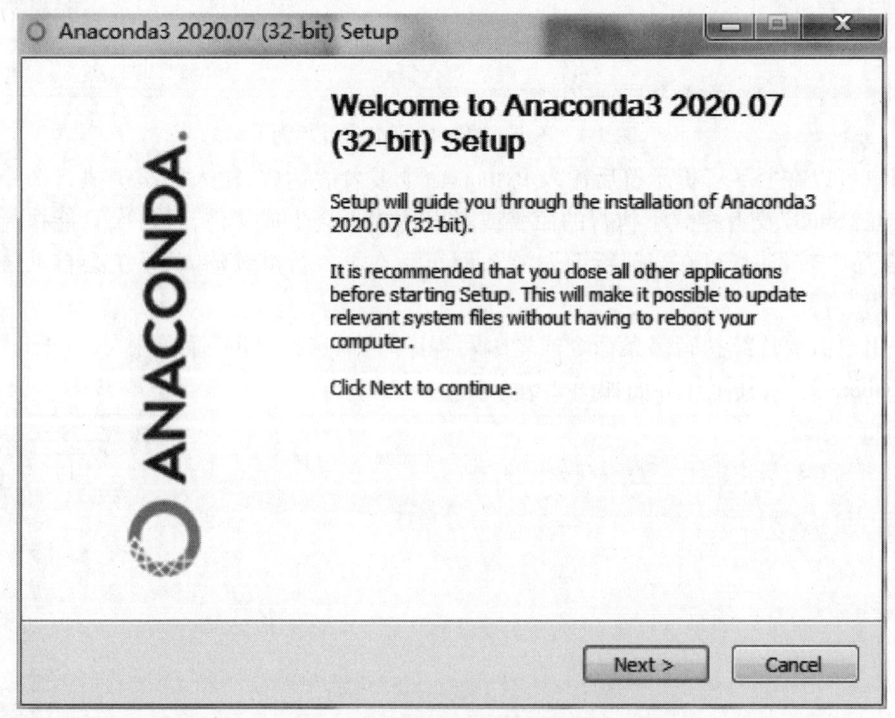

图2-6 Anaconda3安装界面

②单击“Next”按钮进入下一步，弹出用户协议界面，如图2-7所示。

③单击“I Agree”按钮进入下一步，选择授权用户界面，如图2-8所示。

④选择“All Users”选项后，单击“Next”按钮，进入选择安装目录界面，如图2-9所示。

⑤用户根据实际需要，单击“Browse”按钮选择安装目录后，单击“Next”进入高级安装选项界面，如图2-10所示。

⑥勾选第一个复选框，将Anaconda3添加到系统变量，单击“Install”按钮进入安装界面，安装程序开始复制文件，如图2-11所示。

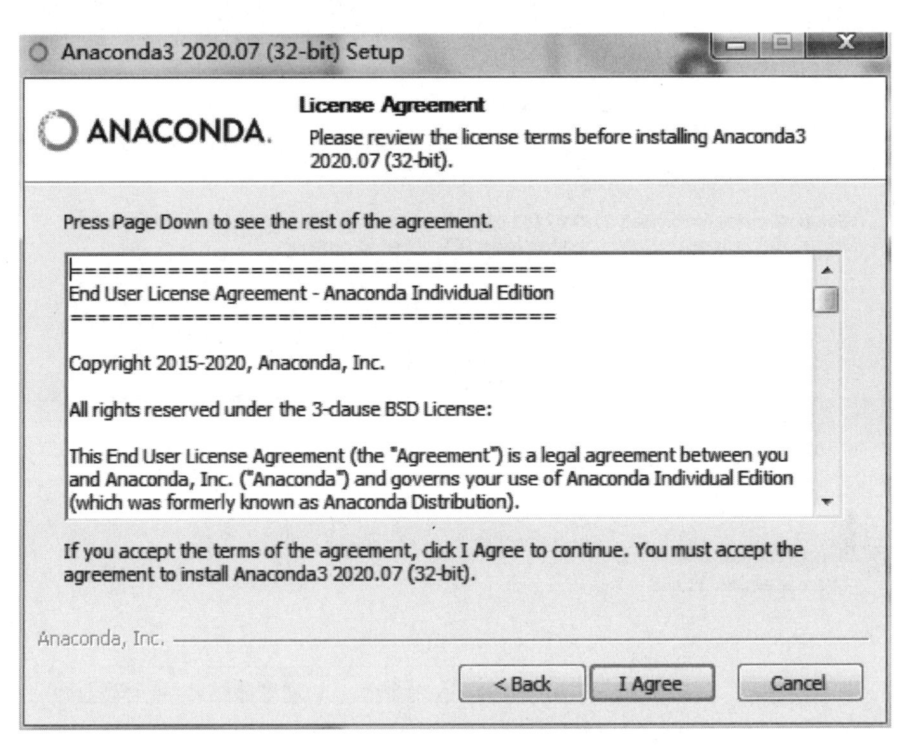

图 2-7　Anaconda3 安装用户协议界面

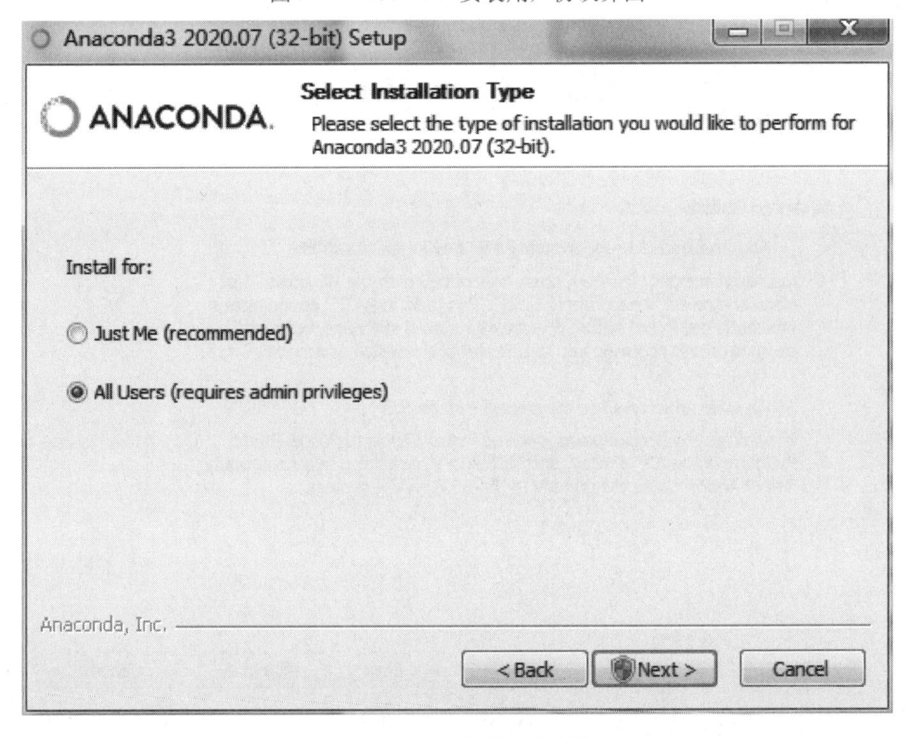

图 2-8　Anaconda3 安装用户授权界面

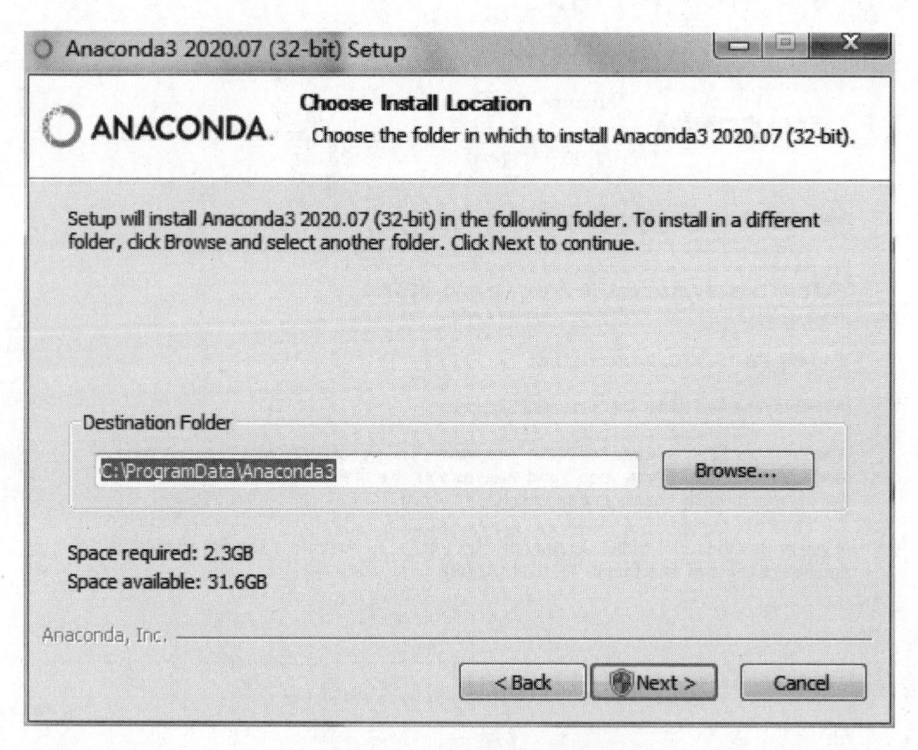

图 2-9 Anaconda3 安装目录选择界面

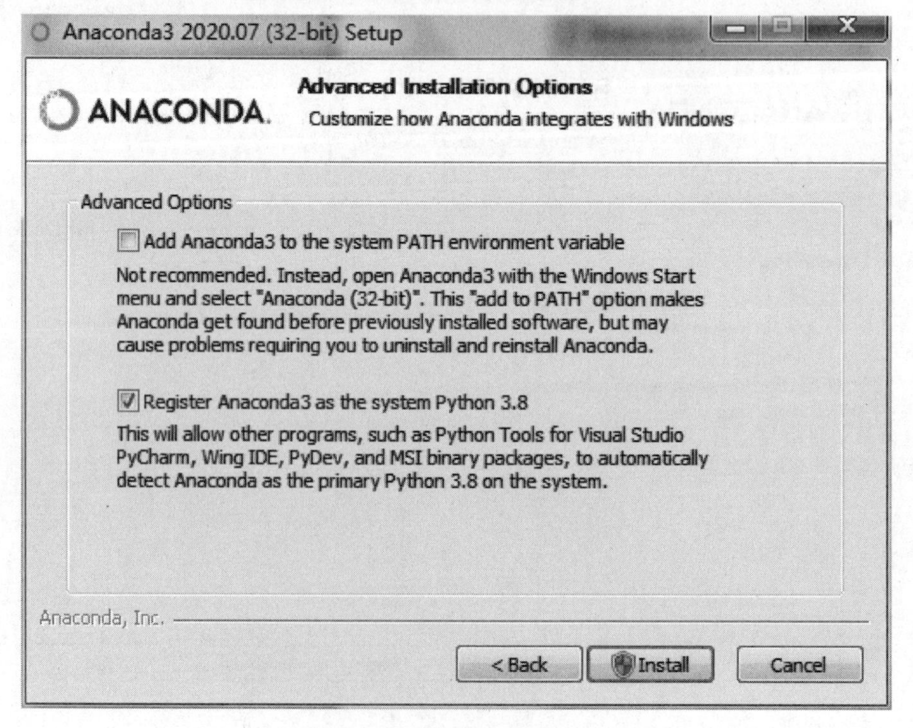

图 2-10 Anaconda3 安装添加环境变量

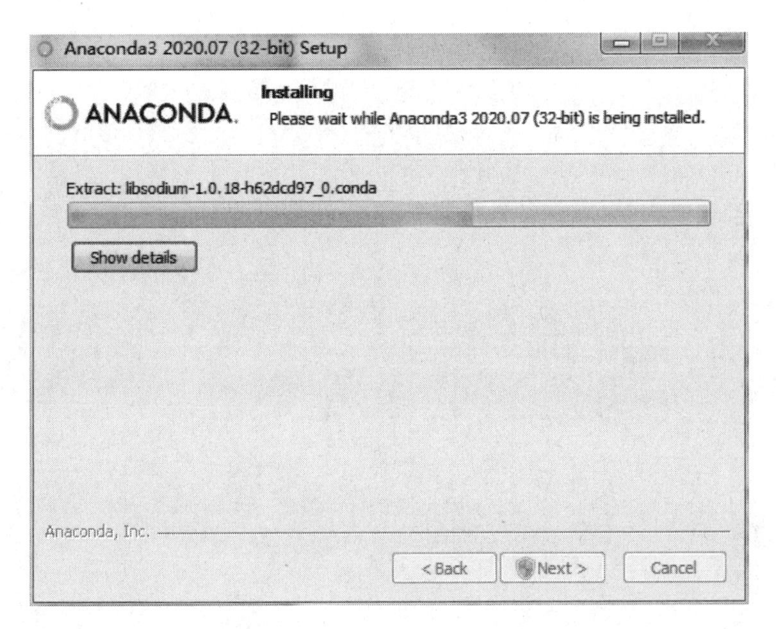

图 2-11 Anaconda3 安装复制文件

⑦等待安装结束后,连续单击"Next"按钮,进入安装完成界面,如图 2-12 所示。

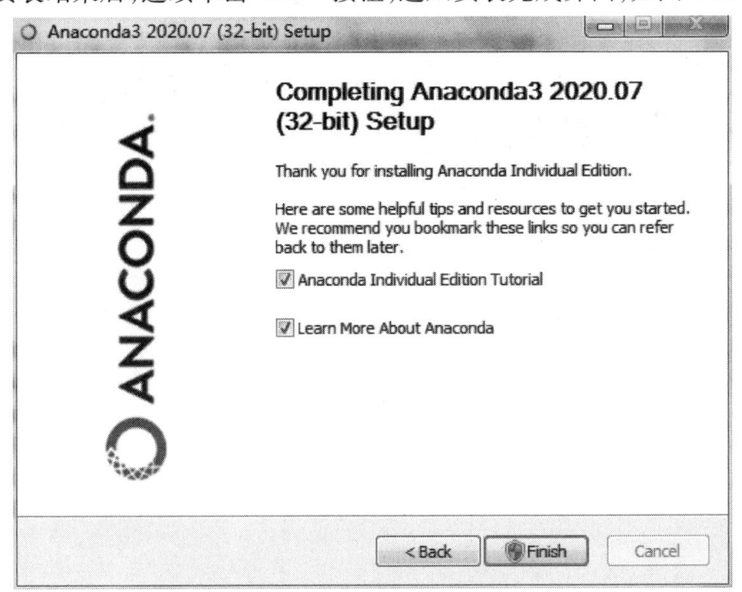

图 2-12 Anaconda3 安装完成界面

⑧取消勾选两个复选框后,单击"Finish"按钮,完成安装。

2)基本界面

(1)Jupyter Notebook

用户可以在"开始"菜单的 Anaconda3 中打开"Jupyter Notebook"。启动后,应用程序首先启动"Jupyter Notebook"服务窗口,如图 2-13 所示。

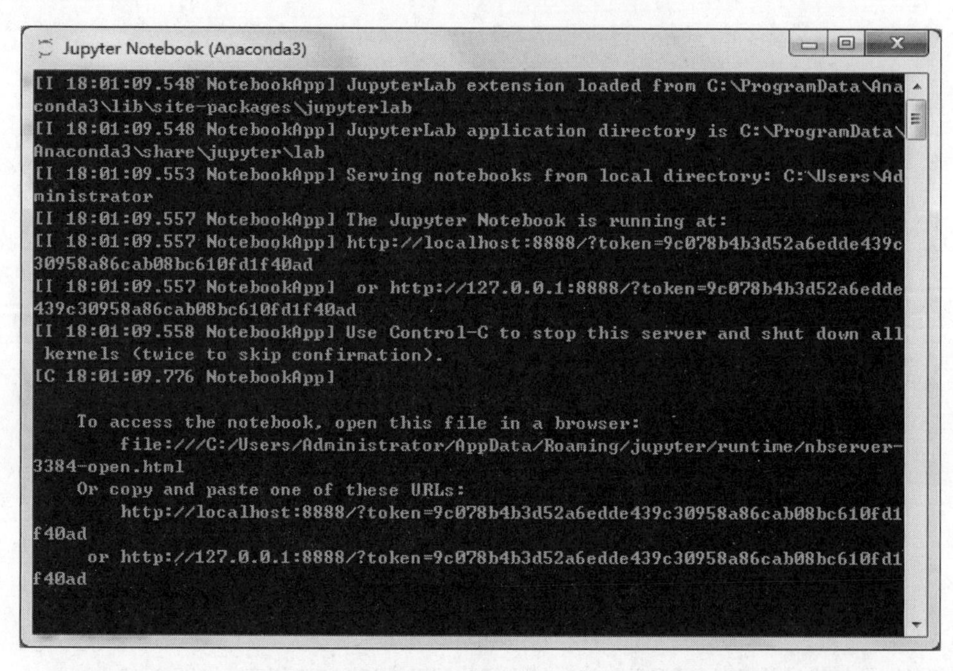

图 2-13　Jupyter Notebook 服务启动窗口

待所有服务启动完成后(特别需要注意的是,用户务必确保服务窗口在整个使用过程中不能被关闭),会自动在浏览器中打开 Jupyter 主页面,并显示默认安装目录下的所有文件,推荐使用谷歌浏览器、360 浏览器、火狐等三款浏览器,如图 2-14 所示。

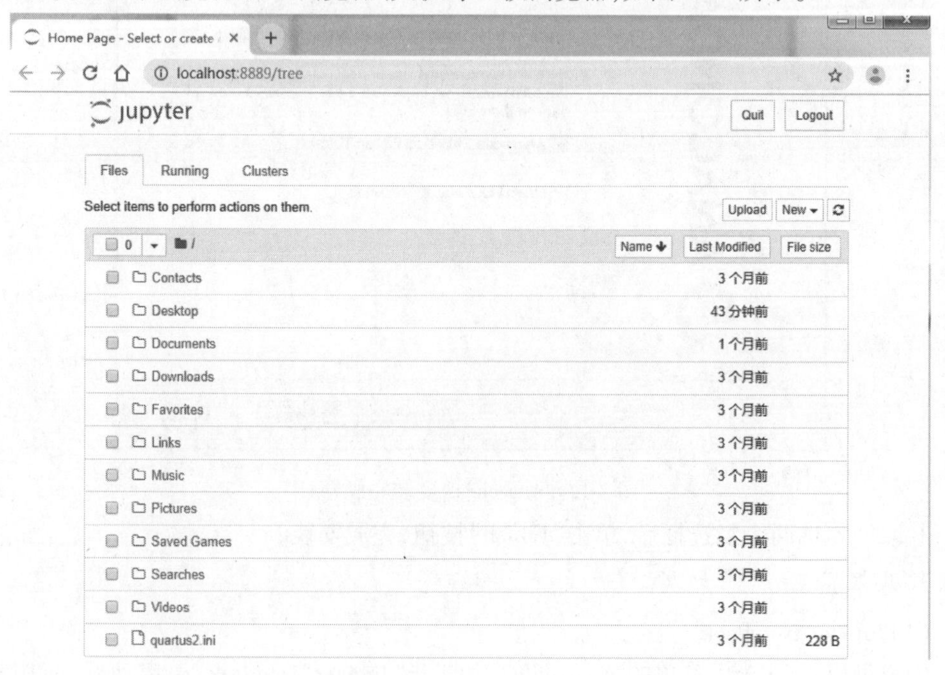

图 2-14　Jupyter 主页面

用户可以直接打开文件，或者选择“New”下拉式菜单中的“Python 3”创建新的 Jupyter 文件，如图 2-15 所示。

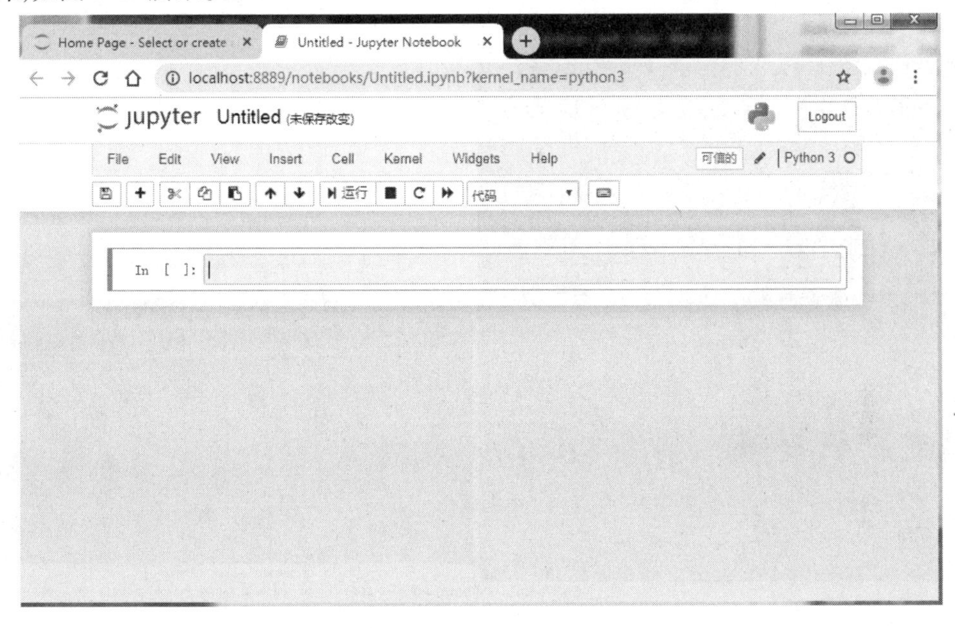

图 2-15　Jupyter 运行界面

用户可以在“in”所在的空白单元中输入命令或编辑程序，单击“运行”按钮或者使用快捷键执行当前单元中的命令或程序。

用户可以单击“Untitled”修改文件名称，当前网页所有单元中的命令或程序，默认以“.ipynb”格式存储在默认目录下，方便用户下次直接打开。

表 2-1 列出了在 Jupyter Notebook 中常用的快捷键。

表 2-1　Jupyter Notebook 常用快捷键

快捷键	功　能
A	向上增加空白单元
B	向下增加空白单元
Shift+Enter	执行当前单元，并增加新的空白单元
Ctrl+Enter	执行当前单元
DD	删除当前单元
Y	将当前单元转换为代码状态
M	将当前单元转换为 Markdown 状态

(2) Spyder

用户可以在“开始”菜单的 Anaconda3 中打开 Spyder，其基本界面如图 2-16 所示。

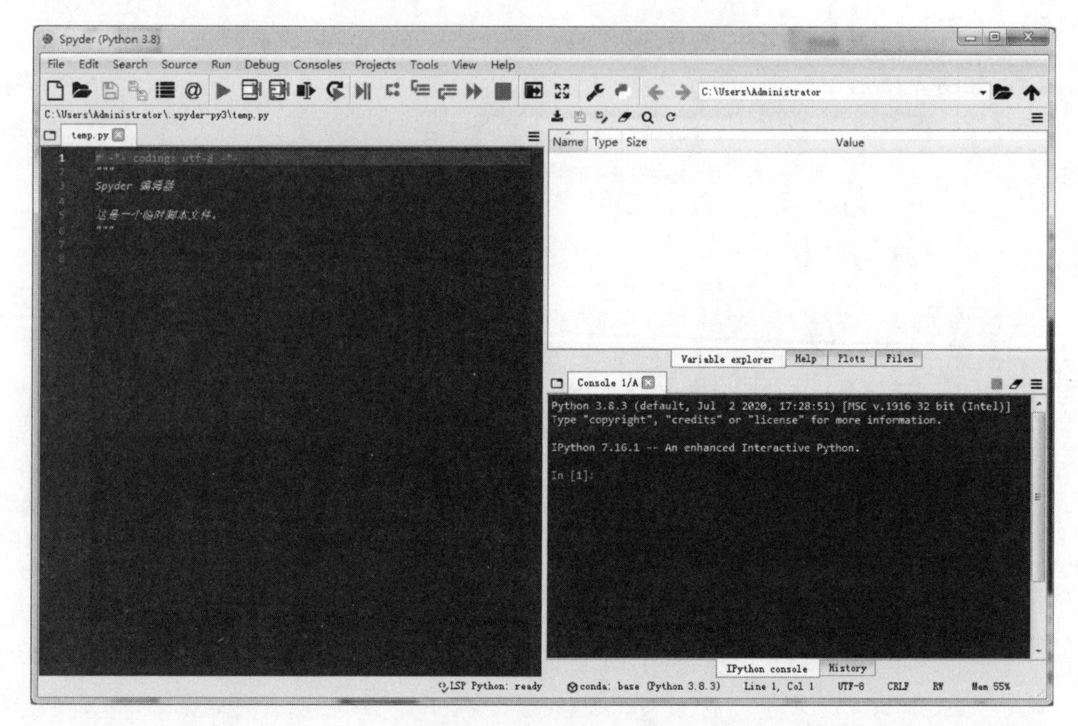

图 2-16 Spyder 工作界面

用户可以使用主界面右下角控制台进行交互模式执行命令，也可以使用主界面左侧的代码编辑区编写程序文件并直接运行，文件默认以“.py”格式保存。在程序运行过程中，用户还可以通过右上角的变量查看区查看变量信息。

第 3 章　Python 语言基础

不管采用哪种语言进行程序设计，其基本过程和基本思想是固定的，但是，不同的语言有其独特的表达方式，因此，要想熟练运用 Python 语言编写程序，从而解决实际问题，第一步要做的是掌握 Python 语言的基本语法。本章主要介绍 Python 的数据类型、常量、变量、表达式等基础语法。

3.1　Python 的数据类型

数据类型描述了信息的逻辑结构，选择合理的数据类型既可方便用户处理数据，又可提高数据处理的效率。Python 内置了 7 种基础数据类型，分别是数值型、字符串、布尔型、列表、元组、字典和集合。

3.1.1　数值型

数值型数据是 Python 的基本数据类型之一。该类型数据一般用于算术运算，Python 提供了 3 种不同的数值类型，分别是整型(int)、浮点型(float)和复数型(complex)。

1）整型

整型数据用于存储整数，不允许带小数点，但可以包含正号或者负号。在不同的编译环境下，一般会给整型数据分配指定的字节数，因此，整数的取值范围就被固定，如果计算时出现运算结果超过固定范围就会产生溢出，导致运算结果出错。但在 Python 3.X中，整型的数据在计算机中的表示不是固定长度的，只要内存许可，整数可以扩展到无限大。

Python 的整数有以下 4 种表示形式：

(1)十进制整数

在没有对整数进行特殊约定时，该整数即为十进制整数，例如 100、0、-80 等。

(2)二进制整数

以 0b 或者 0B(数字 0 和字母“B”或者“b”)开头，里面只包含 0 和 1 两个数字的整数，例如 0B1100100、0b0 等。

(3)八进制整数

以 0o 或者 0O(数字 0 和字母“O”或者“o”)开头，里面只包含 0~7 八个数字的整数，例如 0O664、0o101 等。

(4)十六进制整数

以 0x 或者 0X(数字 0 和字母“X”或者“x”)开头，里面只包含 0~9 十个数字和 A~F

(大小写均可)6 个字母的整数,例如 0X6A4D、0x1a1b 等。

需要注意的是,采用二进制、八进制和十六进制表示一个负整数时,直接在数字 0 前加“-”号,在运算结果输出时,如果没有指定格式输出,则均按照十进制格式输出。

2)浮点型

浮点型数据用于表示一个实数,在 Python 中,实数的表示方法有两种:

(1)普通十进制小数形式

由整数部分、小数点和小数部分组成,例如 0.35、10.87、35.0 等,Python 的浮点型数据允许小数部分不写,表示小数部分为 0,但小数点必须保留,例如 35.表示 35.0。

(2)指数形式

由底数、字母“e”(或者“E”,表示以 10 为底的指数)和指数组成,其中底数可以是任意数,但指数必须为整数。例如 3.6e6 表示 3.6×10^6。

3)复数型

Python 提供了复数类型的数据,其数据表现形式为“a+bj”,其中 a 表示复数的实部,b 表示实数的虚部,j(也可以是大写字母 J)表示虚数单位,例如 3+4j。需要注意的是,当复数的虚部为 1 时,不能省略,否则会出现语法错误;当复数实部为 0 时,可以省略不写;可以定义一个虚部为 0 的复数,例如 1+1j、0+3j、+3j、3+0j 都是合法的复数定义,2+j 则提示“NameError: name 'j' is not defined”错误。

定义变量 x 为复数后,可以使用 x.real 获取复数的实部,使用 x.iamg 获取复数的虚部,其返回结果均为浮点型数据。

3.1.2 字符串

字符串是 Python 中最常用的数据类型,使用单引号、双引号和三引号作为字符串类型数据的定界符,字符串中的内容可以是 0 个、1 个和任意多个字符,字符的个数称为字符串的长度。

需要注意的是:

①单引号、双引号、三引号必须是英文状态的半角符号,三引号可以是三单引号或者三双引号。

②定界符可以嵌套,即当字符串的内容中包含单引号时,定界符必须用双引号或者三引号,反之亦然。

③单引号和双引号定义字符串时,不支持字符串中直接换行,但三引号定义字符串时支持直接换行,因此在 Python 中,三引号定义的字符串经常出现在程序的注释中。

④字符串中包含 0 个字符的字符串称为空串,定义时只写定界符引号,空串长度为 0。

⑤Python 3.x 支持中文,中文汉字和其他英文字符一样,按照一个字符对待。

⑥在 Python 的字符串中出现反斜杠“\”,后面接一个或者几个特定字符,称为转义字符,用来表示某些特定操作或者不方便表示的字符。常见转义字符及功能见表 3-1。

表 3-1 常见转义字符表

转义字符	含 义	例 如
\000	空字符	输出空的字符,也可以使用\0 或者\00,当 0 的个数超过 3 个时,输出多余的 0
\\	反斜杠	输出反斜杠
\′	单引号	输出单引号
\″	双引号	输出双引号
\b	退格	向前退一位继续输出,后续输出将会覆盖退格前的第一个符号
\n	换行	从下一行第一列继续输出
\r	回车	退到当前行的第一列输出,后续输出会覆盖以前输出的内容
\v	纵向制表符	输出一个纵向制表符(实际输出内容为空格)
\t	横向制表符	输出一个横向制表符(实际输出内容为 7 个空格)
\(行尾)	续行符号	当命令需要换行继续书写时,可以在行尾输出反斜杠,回车后在下一行继续输入

当字符串定界符前面加 r 时,表示该字符串中转义字符不转义,原样输出。

字符串的相关操作将在本书 5.2 节详细介绍。

3.1.3 布尔型

布尔型数据是 Python 的一种特殊数据类型,用于描述逻辑判断的结果,用“True”表示逻辑真,“False”表示逻辑假。在实际运算过程中,布尔值可以被当作整数参与运算,其中“True”被当作整数 1,“False”会被当作整数 0。其他类型的数据也可以被当作布尔值进行逻辑运算,值为非 0 的数值型数据、非空的字符串、列表、字典等数据被当作“True”,而值为 0 的数值型数据、空串、空列表、字典等会被当作“False”。

3.1.4 列表

列表是 Python 中使用较多的复合数据类型,用方括号“[ ]”作为定界符。列表中的每一个项目称为列表的元素,列表的元素个数不定,中间用逗号分开,每个元素可以是数字、字符串、列表等任意数据类型的数据。没有任何元素的列表称为空列表。

列表中的元素可以通过下标进行访问,而且是可以被修改的。列表的相关操作将在本书的 5.3 节详细介绍。

3.1.5 元组

元组使用圆括号“( )”作为定界符,与列表类似,其元素个数不定,中间用逗号分开,每个元素可以是数字、字符串、列表等任意数据类型的数据。没有任何元素的元组称为空元组。需要注意的是当元组中只包含一个元素时,必须在元素后面添加一个逗号,包含多个元素的元组在定义时,定界符可以省略。

元组的元素也可以通过下标进行访问,但不允许被修改,元组的相关操作将在本书的5.4 节详细介绍。

3.1.6 字典

字典使用花括号“{ }”作为定界符,其元素是由关键字 key(也称为键)和关键字对应的值 value(也称为值)组成的“键:值”对,其中关键字必须为不可变数据类型,值可以是任意类型。在定义字典时,关键字不允许重复,若关键字重复,在后面定义的值将覆盖前面的值。没有任何元素的字典称为空字典。

字典是通过关键字访问的数据类型,其关键字不允许被修改,但值可以被修改,字典的相关操作将在本书的 5.5 节详细介绍。

3.1.7 集合

集合使用花括号“{ }”作为定界符,和字典不同的是,集合中只包含了互不相同的关键字,没有关键字对应的值。集合的元素必须是整数、浮点数、字符串等基本数据类型,没有元素的集合称为空集合,空集合只能用 set( )方法定义,不能直接使用“{ }”定义,如果将一个集合的元素全部清除,集合的数据类型将会变为字典。

集合支持元素的增加和删除,集合的相关操作将在本书的 5.6 节详细介绍。

3.2 Python 的常量、变量

在数学计算过程中,运算结果往往与参与运算的对象有直接关系,在参与运算的运算对象中,有些对象的值是固定不变的,而有些对象的值可以根据用户需求改变。例如,利用公式“$s=\pi r^2$”计算圆的面积时,“π”是一个常数,在计算时通常取 3.14 这一固定值,而“r”表示圆的半径,可以由用户指定。通常把计算过程中不变的值称为常量,可以改变其值的对象称为变量。

3.2.1 常量

在 Python 中,常量是指在程序运行过程中,其值不发生变化或者不允许发生变化的数据对象。按照其数据类型,常量可以分为数值型常量、字符型常量和布尔型常量。例如,35、12.34 等属于数值型常量,"abcd""123"等属于字符串常量,"True""False"属于布尔型常量。

常量在程序运行过程中不占用存储空间,但如果程序中所有对象都用常量表示会导致程序通用性变差。

3.2.2 变量

变量是值在程序运行过程中,其值可以发生改变的数据对象。变量在程序运行时,在内存中随机分配一个存储空间,直到程序结束或者用户清除时,存储空间才会被释放。

变量有 3 个基本要素,即变量的名称、变量的类型和变量的值。

1)变量的名称

在高级语言中,变量按照变量名读取或者调用变量的值,一个变量名往往对应内存中的一个地址。

在 Python 中,对变量(或者标识符)命名时要满足以下要求:

①变量名中只能包含英文字母、数字、下划线,且不能以数字开头,Python 3.x 版本中允许变量名使用中文。

②不能使用 Python 的关键字作为变量名。可以在使用 import 语句导入 keyword 模块后使用 print(keyword.kwlist)语句查看所有 Python 关键字。

③不建议使用 Python 的内置函数、模块名称作为变量名。

④若无特殊需求,不建议用户使用下画线开头的变量名。

⑤Python 变量名严格区分大小写,xyz 和 Xyz 代表两个不同的变量名。

2)变量的类型

变量的类型决定了变量在内存中的存储方式和变量在内存中占用空间的大小。在 Python 中,变量的类型不需要提前声明,变量的类型取决于变量值的数据类型,在程序执行过程中,变量的类型可以随着变量值的类型发生变化。例如,执行语句"a=3"后,变量 a 的值为整数 3,此时变量 a 的类型为整形(int),若再执行语句"a=[1,2,3]",变量 a 的值变为列表[1,2,3],此时,变量的类型为列表类型(list)。Python 中,可以用内置函数 type(对象名)返回指定对象的数据类型。

3)变量的值

变量在程序运行过程中的值是变化的,因此具体使用某一变量时,必须确保变量有一个固定的值,一般使用等号"="给变量赋值。同一变量多次赋值后,变量只能保留最后一次赋值的值,其余值将会被自动覆盖。

例如,执行语句"a=1"则表示定义变量 a,并给其赋值为 1,系统自动为变量 a 按照其值的类型分配相应的内存空间,然后将值放入该空间,此时,若再执行语句"a=3",则系统会先在内存中查找是否存在名称为"a"的变量,若找到,则修改对应空间的值,若找不到,则定义变量并分配空间。

在 Python 中,变量的管理方式是基于值的管理,而不是基于变量名进行管理,不同的值在内存中会占用不同的地址,而多个不同名称的变量可以指向同一个地址。也就是说,当给变量赋值时,Python 的解释器先为变量的值分配一个内存空间,然后使变量指向该内存空间,当变量的值发生改变时,变量指向的内存空间中的数据并不会改变,但变量指向的内存空间发生了变化,导致变量值发生变化。

例如，依次执行语句：a=3 和 b=5 后，Python 的解释器会在内存中给整型数据 3 和 5 分别分配地址，然后将变量 a 指向 3 的地址，将变量 b 指向 5 的地址。此时，若依次执行语句“print(a,id(a))和 print(b,id(b))”，则依次输出结果为：

3　140733901140288

5　140733901140352

其中 3 和 5 分别是变量 a 和 b 的值，“140733901140288”和“140733901140352”分别表示其地址[Python 中，函数 id()可以返回指定对象的地址，由于对象的地址随机分配，且在不同编译环境下，内存地址的分配方式有所不同，因此 id()函数的返回值并不固定，但其返回值一定为整数，本书后续章节将不再进行说明]。

若再执行语句“a=5”，解释器将会在内存中查找整数 5 的地址，然后将变量 a 指向该地址，此时，若执行语句“print(a,id(a))”，则输出“5　140733901140352”，变量 a 和 b 均指向整数 5 所在的空间。

在 Python 中，赋值符号“=”的优先级较低，赋值语句的执行顺序是首先计算“=”右侧表达式的值，然后将该值放入内存的指定位置，然后将变量指向该内存地址。表达式可以是常量、有确定值的其他变量、能够计算出明确结果的表达式或者函数等。

3.3 Python 的运算符和表达式

运算符是表示对象运算方法的符号。对象的类型不同，其支持运算符号也有所不同，相同的运算符号在不同类型的对象进行运算时，其运算方法也有所不同。利用运算符号，将运算对象进行连接，则形成表达式。常量、变量、函数也可以被认为是最简单的表达式。

3.3.1 算术运算符

常见算术运算符见表 3-2。

表 3-2　常见算术运算符

运算符	说　明	实　例
+	两个数相加	2 + 3 结果为 5
-	两个数相减	3 - 2 结果为 1
*	两个数相乘	2 * 3 结果为 6; 'abc' * 2 结果为 'abcabc'
/	两个数相除	3 / 2 结果为 1.5
//	整除，向下取整，返回商的整数部分	3 // 2 结果为 1,3 // 2.0 结果为 1.0
%	求余/取模，返回除法的余数或模	3 % 2 结果为 1,3 % 2.0 结果为 1.0
**	求幂/次方	2 ** 3 结果为 8

需要注意的是：

①由于计算精度的影响，在 Python 中，部分运算的中间运算结果可能会出现误差，例如 10/3 的结果为 3.3333333333333335，10/3 * 3 结果为 10.0。因此，在对算术运算运算结果进行比较时，不建议直接使用“= =”进行比较。

②整除运算“//”时，若参加运算的数中有浮点数，则运算结果为小数部分为 0 的浮点数，其所有运算结果为向下取整。例如 10//3，结果为 3，10//3.1，结果为 3.0，10/-3，结果为-4。

③求余/取模运算符“%”在运算时，运算法则按“同号求余，异号求补，符号看除数，补等于除数减余数”的法则运算。例如 10%3，结果为 1，10%-3，结果为-2，-10%3，结果为 2，-10%-3，结果为-1。

3.3.2　序列运算符

序列运算时，要求参加运算的序列必须是同类型的序列，不同类型的序列不能直接执行加运算。常见序列运算符见表 3-3。

表 3-3　常见序列运算符

运算符	说　明	实　例
+	两个序列相加	[1,2] +["a","b"] 结果为 [1,2, "a","b"]
*	将序列重复若干次	'abc' * 2 结果为 'abcabc'

3.3.3　关系运算符

关系运算符主要用于表达对象之间的相互关系，一般情况下，仅支持同类型数据的直接运算。常见关系运算符见表 3-4。

表 3-4　常见关系运算符

运算符	说　明	实　例
<	严格小于	3 < 5 结果为 True，5 < 5 结果为 False
<=	小于或等于	3 <=5 结果为 True，5 <=5 结果为 True
>	严格大于	5 > 3 结果为 True，5 > 5 结果为 False
>=	大于或等于	5 >=3 结果为 True，5 >=5 结果为 True
= =	等于	"hello"= ="hello"结果为 True
! =	不等于	3! =5 结果为 True
in	如果在指定的序列中找到值，返回 True，否则返回 False	x in y，如果 x 在 y 序列中返回 True，否则返回 False

续表

运算符	说 明	实 例
not in	如果在指定的序列中没有找到值返回 True,否则返回 False	x not in y 序列中，如果 x 不在 y 序列中返回 True,否则返回 False
is	判断两个标识符是否引用自一个对象	x is y, 如果 id(x)= =id(y),即 x 也 y 的指向同一个内存地址,则结果为 1,否则结果为 0
is not	判断两个标识符是否引用自不同对象	x is not y, 如果 id(x) ！ =id(y),即 x 和 y 指向不同的内存地址,则结果为 1,否则结果为 0

3.3.4 逻辑运算符

在 Python 中,除了布尔型常量“True”和“False”可以参加逻辑运算外,其他类型的数据也可以参与逻辑运算,且逻辑运算的结果也可以是其他数据类型。常见逻辑运算符见表 3-5。

表 3-5 常见逻辑运算符

运算符	说 明	实 例
and	与	x and y,如果 x 为 False,无须计算 y 的值,返回值为 x;否则返回 y 的值
or	或	x or y,如果 x 为 True,无须计算 y 的值,返回值为 x;否则返回 y 的值
not	非	not x,如果 x 为 True,返回值为 False;如果 x 为 False,返回值为 True

3.3.5 赋值运算符

在 Python 中,使用赋值符号“=”给变量赋值,常用的赋值方法如下所述。

1)单个变量的定义与赋值

基本形式:变量名=变量值

其中,变量值可以是常量、已经赋值的其他变量、可以计算出具体结果的表达式、函数等。

2)多个变量赋相同的值

基本形式:变量名 1=变量名 2=变量名 3=值

此时,所有变量将会被赋相同的值,即所有变量指向同一引用或地址。

3)多个变量赋多个值

基本形式:变量名 1,变量名 2=值 1,值 2

执行该操作后,变量 1 和变量 2 的值分别为值 1 和值 2。

4) 符合赋值运算

常见复合赋值运算符见表 3-6。

表 3-6 常见符合赋值运算符

运算符	说　明	实例:假设 a=5, b=3
+=	加法赋值运算符	a +=b 相当于 a=a + b, a 计算后的结果是 8
-=	减法赋值运算符	a -=b 相当于 a=a - b, a 计算后的结果是 2
* =	乘法赋值运算符	a * =b 相当于 a=a * b, a 计算后的结果是 15
/=	除法赋值运算符	a /=b 相当于 a=a / b, a 计算后的结果是 1.6666667
//=	取整除赋值运算符	a //=b 相当于 a=a // b, a 计算后的结果是 1
%=	取余赋值运算符	a %=b 相当于 a=a % b, a 计算后的结果是 2
* * =	幂赋值运算符符	a * * =b 相当于 a=a * * b, a 计算后的结果是 125

由于赋值符号的优先级较低,因此在执行赋值语句时,首先计算赋值符号后面表达式的值,然后再执行赋值语句。

3.3.6 位运算运算符

Python 保留了计算机内部使用的基于二进制的位运算,在执行位运算时,系统自动将用户输入的内容转换为二进制形式,并参与运算,最后将运算结果按照十进制形式输入。常见位运算运算符见表 3-7。

表 3-7 常见的位运算符

运算符	说　明	实　例
&	按位与:参与运算的两个值,如果相应的二进制位都为 1,则该位结果为 1,否则为 0	a & b 对应的二进制结果为 0000 1100,十进制为 12
|	按位或:参与运算的两个值,只要对应的二进制位有一个为 1 时,该位结果就为 1	a | b 对应的二进制结果为 0011 1101,十进制为 61
^	按位异或:参与运算的两个值,当对应的二进制位不同时,结果为 1,否则结果为 0	a ^ b 对应的二进制结果为 0011 0001, 十进制为 49
~	按位取反:这个是单目运算符,只有一个值参与运算,运算过程是对每个二进制位取反,即把 1 变 0,把 0 变 1	~a 的二进制结果为 1100 0011,十进制数为 195
<<	左移运算符:运算数的各二进制位全部左移若干位,高位丢弃,低位补 0,结果相当于运算数乘以 2 的 n 次方,正负符号不发生改变	a << 2 的二进制结果为 1111 0000,十进制数为 240

续表

运算符	说　明	实　例
>>	右移运算符:运算数的各二进制位全部右移若干位,结果相当于运算数除以 2 的 n 次方,正负符号不发生改变	a >> 2 的二进制结果为 0000 1111,十进制为 15

3.3.7 运算符的优先级

当表达式中含多种运算时,必须按一定的顺序进行结合,才能保证运算的合理性和结果的正确性、唯一性。在 Python 中,运算符优先级从高到低依次见表 3-8。

表 3-8　运算符号的优先级(从高到低)

运算符	描　述
**	指数(最高优先级)
~、+、-	按位翻转,一元加号和减号
*、/、%、//	乘、除、取模和取整除
+、-	加法、减法
>>、<<	右移、左移运算符
&	位与
^、|	位运算符
<=、<、>、>=	比较运算符
<>==!=	等于运算符
=%=/=//=-=+=*=**=	赋值运算符
not	逻辑非
and	逻辑与
or	逻辑或

3.4 Python 的内置函数与模块

Python 的标准库包含了很多模块,每个模块中又包含了很多函数,这些函数也称为系统函数。用户在编写程序时,只需要导入函数所在模块,就可以直接调用系统函数。

导入函数模块的命令格式如下:

import 模块名

调用函数的命令格式如下：

模块名.函数名()

例如，在math模块中，定义了sqrt(x)函数，用于返回x的平方根，用户在调用该函数时，可以使用以下命令：

```
import math
math.sqrt(4)
```

[运行结果]

```
2
```

此外，用户也可以直接从指定模块中直接导入函数，此时，在调用函数时，不需要加模块名。其命令格式如下：

from 模块名 import 函数名

例如：

```
from math import sqrt
sqrt(4)
```

[运行结果]

```
2
```

如果某模块中的多个函数被同时调用，也可以用“*”代替函数名，表示导入指定模块的所有函数，例如，from math import *，这样一来，在调用math模块中的所有函数时，都可以不用加模块名。但采用这种方法导入函数时，如果多个模块中包含同名函数可能会引起混乱。

第 4 章　程序流程控制

程序的结构是编写程序所必须掌握的基本内容之一,程序结构的主要作用是控制程序语句的执行过程。程序包含顺序结构、选择结构和循环结构 3 种基本结构。顺序结构是最简单的一种结构,它只需按照问题的处理顺序,依次写出相应的语句即可。学习程序设计,首先从顺序结构开始。

一个程序通常包括数据输入、数据处理和数据输出 3 个操作步骤。其中输入、输出反映了程序的交互性,一般情况下输入和输出是一个程序必需的步骤,而数据处理是对要操作的数据进行运算,根据程序解决问题不同而需要使用不同的语句来实现,其中最基本的数据处理语句是赋值语句。掌握了赋值语句和输入/输出语句就可以编写简单的 Python 程序了。

本章主要介绍 Python 的编程风格,程序设计的基本步骤、输入/输出语句以及顺序结构、选择结构和循环结构及其对应的相关语句的使用方法。

4.1　Python 的编程风格

任何一种语言都有一些约定俗成的编码规范,Python 也不例外。本节重点介绍 Python 的编码规范,最好在开始编写第一个 Python 程序时就遵循这些规范和建议,养成一个好的习惯。

4.1.1　语句行书写规范

Python 语句中没有专门的"结束符"。Python 解释器不是根据"结束符"来判断语句是否结束,而是根据语法的完整性来判断。

1)通常是一行一条语句

在 Python 中,语句行从解释器提示符后的第 1 列开始,前面不能有任何空格,否则会产生语法错误。每个语句行以回车符结束,例如:

```
a=1             #a 赋值为 1
b=2             #b 赋值为 2
c=3             #c 赋值为 3
print(a,b,c)    #输出 a,b,c 的值
```

2)可以一行多条语句

在同一行可以使用多条语句,用语句分隔符";"对两个语句进行标识,例如:

```
a=1;b=2;c=3;print(a,b,c)
```

3)可以一条语句多行

有时由于语句过长,一行放不下,可以在语句的外部加上一对圆括号来实现,也可以使用续行符"\"(反斜杠)来实现分行书写功能。

```
m=1+2+3+4+5+6+7\
+8+9+10+11+12+\
13+14+15+16
```

等价于

```
m=(1+2+3+4+5+6+7
+8+9+10+11+12+
13+14+15+16)
```

等价于

```
m=1+2+3+4+5+6+7+8+9+10+11+12+13+14+15+16
```

4)缩进

Python与Java、C#等编程语言最大的不同点是依靠语句块的缩进来体现语句之间的逻辑关系,而不是使用大括号。例如,对于选择结构来说,行尾的冒号以及下一行的缩进表示一个语句块的开始,而缩进结束则表示一个语句块的结束。在Python中最好使用4个空格进行悬挂式缩进,并且同一级别的语句块的缩进量必须相同,例如:

```
m=10            #m赋值为10
n=20            #n赋值为20
if m>n:         #如果m>n
print(m)        #输出m的值
else:           #否则
print(n)        #输出n的值
```

[运行结果]

```
20
```

5)使用必要的空格与空行

使用必要的空格与空行可以增强语句的可读性。一般来说,运算符两侧、函数参数之间、逗号后面建议使用空格进行分隔。而不同功能的语句块之间、不同的函数定义以及不同的类定义之间则建议增加一个空行以提高程序的可读性。

4.1.2 注释

注释对程序的执行没有任何影响,目的是对程序做解释说明,以增强程序的可读性。一个好的、有使用价值的源程序都应加上必要的注释。此外,在程序调试阶段,有时可以给暂时不执行的语句加注释符号,需要执行时,再去掉注释符号。

程序中的单行注释采用"#"开头,注释可以从任意位置开始,可以独立成行,也可以在语句行末尾。对于多行注释,可采用三引号(三对单引号或双引号),也可使用多个"#"开头的多行注释,一般推荐后一种的方法,需要注意的是,注释行是不能使用反斜杠续行的,例如:

①以"#"开始的单行注释。

```
print(" hello world! ")                    #输出 hello world!
```

②以三对引号(单引号或双引号)开始,同样以三对引号结束的多行注释,例如:

```
"""此处文字为注释内容
必要的注释会提高程序可读性
三对双引号示例"""
print("三对双引号注释")
```

[运行结果]

```
三对双引号注释
```

4.1.3 标准输入、输出语句

通常,一个程序都会有数据输入与数据输出,简单来说就是从标准输入中获取数据和将数据打印到标准输出,这样用户可以通过程序与计算机进行交互操作。一个 Python 程序可以从键盘读取数据,也可以从文件读取数据。而程序的结果可以输出到屏幕上,也可以保存到文件中便于以后使用。标准输入输出是指通过键盘和屏幕的输入输出,即控制台输入输出。在前面章节中,其实已经使用了 Python 数据输入与输出功能,本节做进一步介绍。

1)标准输入

Python 用内置函数 input()实现标准输入,其调用格式为:

input ([提示信息字符])

其中,"提示信息字符"是可选项。如果有"提示信息字符",则原样显示,提示用户输入数据。input()函数从标准输入设备键盘读取数据,并返回一个字符串。例如:

```
name=input("请输入姓名:")
print("您的姓名是:",name)
```

[运行结果]

```
请输入姓名:张三
您的姓名是:张三
```

程序说明:Python 运行第 1 行代码时,用户看到提示"请输入姓名:",程序等待用户输入,并在用户按回车键后继续运行。将输入的数据存储在变量"name"中,接下来使用 print()函数进行输出。

注意:input()函数把输入的内容当成字符串,如果要输入数值,可以使用类型转换函数 int()将字符串转换为整数数值,也可以使用函数 float()将字符串转换为浮点数数值,

例如:

```
a=int(input("请输入一个整数:"))
print(5+a)
```

[运行结果]

```
请输入一个整数:6
11
```

注意,本来 a 接收的是字符串“12”,通过 int()函数可以将字符串转换为整型数据。

2)标准输出

Python 语言有两种输出方式:使用表达式和使用 print()函数。直接使用表达式可以输出该表达式的值。例如:

```
x=1
x+4
```

[运行结果]

```
5
```

使用表达式语句输出一般用于检查变量的值。常用的输出方法是用 print()函数,其调用格式为:

print([输出项 1,输出项 2, ...输出项 n][, sep=分隔符][, end=结束符])

其中,输出项之间以逗号分隔,没有输出项时输出一个空行。print()函数默认输出项之间以空格分隔,可以使用 sep 字段设置输出项之间的分隔符,print()函数默认以回车换行作为结束符,可以通过 end 字段设置结束符。print()函数从左至右计算每一个输出项的值,并将各输出项的值依次显示在屏幕的同一行。例如:

```
print(1,2,3)
print(4,5,6,sep=",")
print(7,8,9,end="*")
print(10,11,12)
```

[运行结果]

```
1 2 3
4,5,6
7 8 9*10 11 12
```

注意:分析每一条 print()语句,第 1 条语句结果每个输出项分隔符是空格,结束符是回车;第 2 条语句分隔符是“,”结束符是回车;第 3 条语句分隔符又是空格,但是没有换行说明结束符不是回车而是“*”;第 4 条语句分隔符是空格,结束符是回车。

4.2 顺序结构

顺序结构是最简单的控制结构，按照语句的书写顺序依次从上至下执行，如图4-1是一个顺序结构的流程图，程序有一个入口、一个出口，依次执行语句1和语句2。

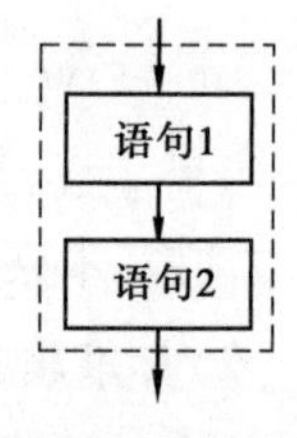

图4-1 顺序结构的流程图

一般情况下，实现程序顺序结构的语句主要是赋值语句和内置的input()输入函数和print()输出函数。这些语句可以完成输入、计算、输出的基本功能。

【例4-1】 编写程序，从键盘输入圆的半径，计算并输出圆的周长和面积。

分析：首先通过输入函数input()接受键盘输入的半径值；第二步计算圆的面积和周长；最后通过print()函数输出圆的面积和周长。

[程序代码]

```
import math                              #导入math模块
r=int(input("请输入一个半径:"))           #输入圆的半径,并转换为整数类型
s=math.pi*r**2                           #调用math模块中的常量pi计算圆的面积
c=2*math.pi*r                            #调用math模块中的常量pi计算圆的周长
print("圆的面积为:",s)                    #输出圆的面积
print("圆的周长为:",c)                    #输出圆的周长
```

[运行结果]

```
请输入一个半径:10
圆的面积为: 314.1592653589793
圆的周长为: 62.83185307179586
```

【例4-2】 编写程序，要求输入三角形的3条边（假设给定的3条边符合构成三角形的条件：任意两边之和大于第三边），计算三角形的面积并输出。

分析：此题的关键是求三角形面积的公式 $s=\sqrt{m(m-a)(m-b)(m-c)}$，其中 $m=(a+b+c)/2$。

[程序代码]

```
import math                                 #导入math模块
a=int(input("请输入三角形的第一条边: "))      #输入第一条边并将其转换为整型
b=int(input("请输入三角形的第二条边: "))      #输入第二条边并将其转换为整型
c=int(input("请输入三角形的第三条边: "))      #输入第三条边并将其转换为整型
m=(a+b+c)/2                                 #计算m
s=math.sqrt(m*(m-a)*(m-b)*(m-c))            #调用sqrt函数计算面积
```

```
print("此三角形面积为:",s)                    #输出三角形面积
```

[运行结果]

```
请输入三角形的第一条边:3
请输入三角形的第二条边:4
请输入三角形的第三条边:5
此三角形面积为:6.0
```

以上两个程序的输入语句都使用了 int( )函数将从键盘输入的数据转换为整型后赋给变量。程序中的 pi 是 math 模块中定义的常量圆周率,sqrt( )函数的功能是求平方根,是 math 模块中的内置函数。但是 pi 和 sqrt( )无法直接访问,在 Python 中可使用 import 关键字来导入模块,调用模块中的函数时需要在函数名前加上模块名作为前缀。

【例 4-3】 键盘输入一个 3 位整数,输出其逆序数。例如,输入 123,则输出 321。

分析:先取出 3 位整数的各位数字,分别存入不同的变量中,假设个位数存入变量 a,十位数存入变量 b,百位数存入变量 c,则 m=100a+10b+c。所以问题的关键是如何取出这个 3 位整数的各位数字。取出各位数字的方法,可用取余运算符%和整除运算符//实现。

[程序代码]

```
n=int(input("请输入一个三位整数:"))
a=n%10                                  #求 n 的个位数
b=n//10%10                              #求 n 的十位数
c=n//100                                #求 n 的百位数
m=a*100+b*10+c
print("逆序为:",m)
```

[运行结果]

```
请输入一个三位整数:123
逆序为:321
```

4.3 分支结构

分支结构又称为选择结构,即按照给定条件是否满足来选择其中一个分支执行程序中特定的语句。上一节介绍的程序都是一条一条语句顺序执行的。但当人们遇到需要根据某个条件来决定是否执行指定操作时,就可以利用分支结构程序设计思路来解决问题,即利用判断语句让程序选择是否执行语句块。根据程序执行路线或分支的不同,分支结构又分为单分支、双分支和多分支 3 种类型。

例如,根据输入学生的成绩,统计及格学生的人数就会涉及单分支,统计及格和不及格学生的成绩就会涉及双分支,统计优秀、良好、中等、及格和不及格不同等级的学生人数就会涉及多分支的结构。在 Python 语言中提供了 if 语句实现分支结构。Python 提供了关系运算和逻辑运算来描述程序控制中的条件,这是一般程序设计语言均有的方法。此

外,Python 还用成员运算和身份运算来表示条件。

4.3.1 单分支选择结构

通过简单的 if 语句实现单分支选择结构。if 语句通过条件表达式来判断真假,当且仅当该表达式为真时,则执行语句序列,否则直接执行 if 语句下面的语句。if 语句的语法格式如下:

```
if <表达式>:
    <语句序列>
```

注意:if 为 Python 的关键字后面必须加冒号。条件表达式的值只要不是 False、0(或 0.0、0j 等)、空值 None、空列表、空元组、空集合、空字典、空字符串、空 range 对象或其他空迭代对象,Python 解释器均认为与 True 等价,所以表示条件的表达式不一定必须是结果为 True 或 False 的关系表达式或逻辑表达式,可以是任意表达式。例如,下列语句是合法的,将输出字符串"i like python"。

```
if "y":
    print("i like python! ")
```

[运行结果]

```
i like python!
```

<语句序列>称为 if 语句的内嵌语句以缩进方式表达,缩进的<语句序列>可以是一条语句,也可以是多条语句,当有多条语句时,保持每条语句的缩进相同。如果<语句序列>中语句缩进不相同,则语句表达的含义就不同。编辑器也会提示程序员开始书写内嵌语句的位置,如果不再缩进,表示内嵌语句在上一行就写完了,执行顺序如图 4-2 所示。

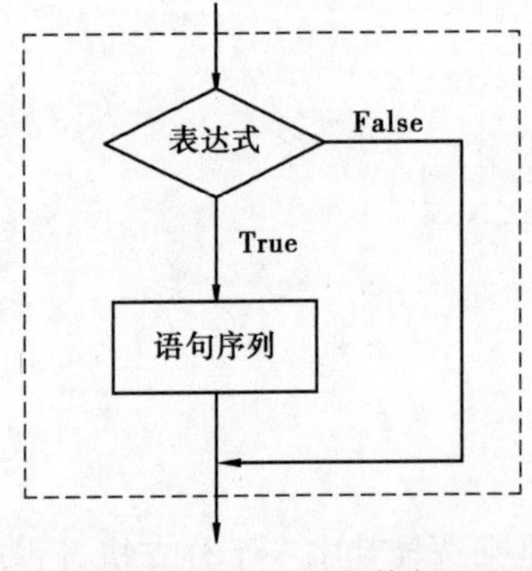

图 4-2 单分支 if 语句执行过程

如果语句块中只有一条语句,if 语句也可以写在同一行上。例如:

```
a=10
if a==10:print ("good! ")
print ("程序结束")
```

[运行结果]

```
good!
程序结束
```

【例 4-4】 键盘输入两个整数 a 和 b,按从小到大的顺序输出这两个数。

分析:输入 a 和 b,如果 a>b,则将 a、b 的值交换,否则不交换,最后输出 a 和 b。

[程序代码]

```
a=int(input("输入一个整数:"))                #输入变量 a 的值并转换为整型
```

```
b=int(input("输入另一个整数:"))              #输入变量b的值并转换为整型
if a>b:                                      #if语句条件
    a,b=b,a                                  #将a、b的值交换
print("按从小到大的顺序输出:",a,b)           #if结构外语句
```

[运行结果]

```
输入一个整数:7
输入另一个整数:9
按从小到大的顺序输出:7 9
```

4.3.2 双分支选择结构

通过 if...else 语句为实现双分支选择结构,语句执行过程是:计算表达式的值,若为 True,则执行语句序列 1,否则执行 else 后面的语句序列 2,语句序列 1 或语句序列 2 执行后再执行 if 语句的后续语句。其执行过程如图 4-3 所示。if...else 语句的语法格式如下:

```
if <表达式>:
    <语句序列 1>
else:
    <语句序列 2>
```

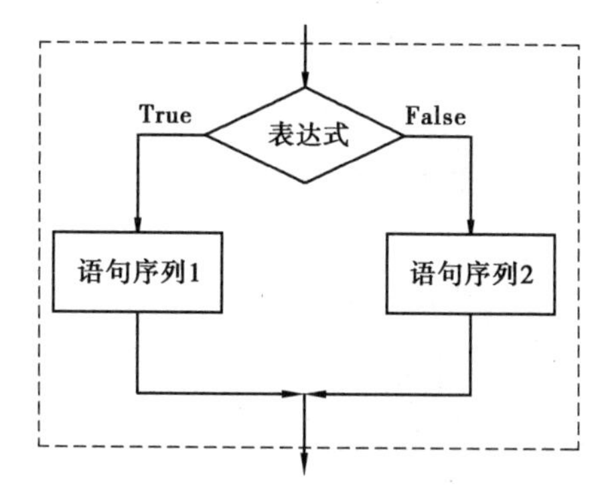

图 4-3 双分支选择结构执行过程

【例 4-5】 通过键盘输入学生年龄,判断该学生是否成年,条件设定为大于等于 18 岁,如未成年,则计算还需要几年能够成年。

[程序代码]

```
age=int(input("请输入学生的年龄:"))    #输入变量age的值并转换为整型
if  age>=18:                           #判断age是否大于等于18
    print("已成年")                    #如果是,输出"已成年"
else:                                  #如果不是
    print("未成年")                    #输出"未成年"
    print("还差",18-age,"年成年")      #计算还差几年成年并输出
```

[运行结果 1]

```
请输入学生的年龄: 16
未成年
还差 2 年成年
```

[运行结果 2]

```
请输入学生的年龄：24
已成年
```

【例 4-6】 通过键盘输入学生成绩，判断成绩是否及格，如果成绩大于或等于 60 分为及格，否则为不及格。

[程序代码]

```
cj=int(input("请输入学生成绩:"))        #输入成绩并转换为整型存入变量 cj 中
if   cj >=60:                          #判断成绩是否大于或等于 60
    print("及格")                       #如果是，输出“及格”
else:                                  #如果不是
    print("不及格")                     #输出“不及格”
```

[运行结果]

```
请输入学生成绩:80
及格
```

【例 4-7】 通过键盘输入一个年份，判断该年是否为闰年，如果是则输出“是闰年”，否则输出“不是闰年”。

分析：年份闰年的条件为：能被 4 整除但不能被 100 整除；或者能被 400 整除。

[程序代码]

```
y=int(input("输入年份:"))                                   #输入年份并转换为整型存入变
                                                            量 y 中
if (y%4==0 and y%100 ! =0) or (y%400==0):                   #判断是否是闰年
    print(y,"是闰年")
else:
    print(y,"不是闰年")
```

[运行结果]

```
输入年份:2020
2020 是闰年
```

4.3.3 多分支选择结构

if...elif...else 语句为 pythton 中的多分支选择结构，当分支结构需要的分支多于两个时，就需要用到多分支结构。多分支结构只能根据条件的 True 和 False 决定处理哪个语句序列，多分支 if 语句的一般格式为：

```
if <表达式 1>:
    <语句序列 1>
elif <表达式 2>:
```

```
    <语句序列 2>
    …
elif <表达式 n>:
    <语句序列 n>
else:
    <语句序列 n+1>
```

多分支 if 语句的执行过程如图 4-4 所示。首先计算表达式 1 的值,若<表达式 1>的值为 True,则执行<语句序列 1>;否则将计算表达式 2 的值,若<表达式 2>的值为 True,则执行<语句序列 2>;否则计算<表达式 n>的值,若<表达式 n>的值为 True,则执行<语句序列 n>;若所有表达式的条件都不满足,则执行最后一个 else 后面的<语句序列 n+1>。不管有几个分支,程序执行完一个分支后,其余分支将不再执行。

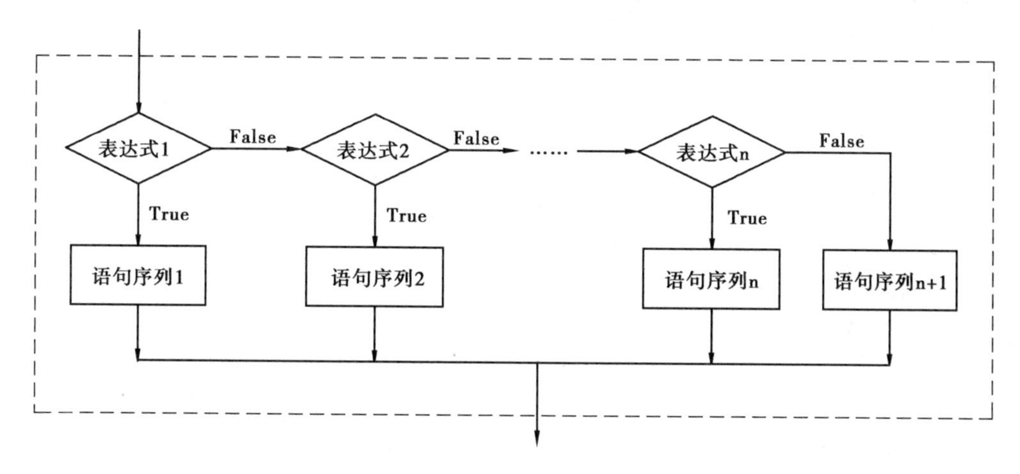

图 4-4 多分支选择结构执行过程

【例 4-8】 学生成绩可分为百分制和五级制,输入学生的百分制成绩,输出对应的五级制成绩,90~100 分为优秀,80~89 分为良好,70~79 分为中等,60~69 分为及格,60 分以下为不及格。

[程序代码]

```
cj=float(input("请输入百分制成绩:"))  #输入分数 score 的值并将其转化为浮点数
if cj >100 or cj<0:                  #当分值不合理时显示出错信息
    print("输入数据无效")
elif cj>=90:                         #当成绩大于等于 90 小于等于 100 时,输出
                                     “优秀”
    print("优秀")
elif score>=80:                      #当成绩大于等于 80 小于 90 时,输出“良好”
    print("良好")
elif score>=70:                      #当成绩大于等于 70 小于 80 时,输出“中等”
    print("中等")
```

```
elif score>=60:                        #当成绩大于等于60小于70时,输出"及格"
    print("及格")
else:                                  #以上条件都不满足
    print("不及格")                    #输出"不及格"
```

[运行结果]

```
请输入百分制成绩:80
良好
```

4.3.4 分支结构的嵌套

在if语句中还可以包含一个或多个if语句,称为if语句的嵌套。其一般形式如下:

```
if 判断条件1:
if 判断条件2:
语句序列1
else:
语句序列2
else:
if 判断条件3:
语句序列3
else:
语句序列4
```

【例4-9】 编写程序,实现键盘输入3个整数,输出最大值。

分析:本题可以采用if嵌套进行实现,先比较a和b的大小,如果a大于b,就将a与c进行比较,如果a也大于c,那么最大值就为a;否则,最大值为c。如果a小于b,就将b与c进行比较,如果b大于c,那么最大值就为b;否则,最大值为c。

[程序代码]

```
a=int(input("请输入第一个整数:"))    #将输入的值转换为整数后存入变量a中
b=int(input("请输入第二个整数:"))    #将输入的值转换为整数后存入变量b中
c=int(input("请输入第三个整数:"))    #将输入的值转换为整数后存入变量c中
if a>b:                              # a>b
if a>c:                              # a>b并且a>c,最大值为a
max=a
else:                                # a>b并且c>a,最大值为c
max=c
else:                                # a<b
if b>c:                              # b>a并且b>c,最大值为b
max=b
```

```
else:                                    # b>a 并且 c>b,最大值为 c
max=c
print("最大值为:",max)                    # 输出最大值 max
```

[运行结果]

```
请输入第一个整数:6
请输入第二个整数:5
请输入第三个整数:9
最大值为:9
```

4.4　循环结构

循环结构是一种让指定的代码块重复执行的有效机制,Python 可以使用循环使得在满足“预设条件”下,可以重复执行一段语句块。构造循环结构有两个要素,一是循环体,即重复执行的语句和代码,另一个是循环条件,即重复执行代码所要满足的条件。

Python 主要有 for 循环和 while 循环两种形式的循环结构,多个循环可以嵌套使用,并且还经常和选择结构嵌套使用来实现复杂的业务逻辑。while 循环一般用于循环次数难以提前确定的情况,当然也可以用于循环次数确定的情况;for 循环一般用于循环次数可以提前确定的情况,尤其适用于枚举或遍历序列或迭代对象中元素的场合。

对于带有 else 子句的循环结构,如果循环因为条件表达式不成立或序列遍历结束而自然结束时则执行 else 结构中的语句,如果循环是因为执行了 break 语句而导致循环提前结束则不会执行 else 中的语句。

4.4.1　while 循环结构

while 循环结构是通过判断循环条件是否满足来决定是否继续循环的一种循环结构,其特点是先判断循环条件,后执行循环体。需要注意的是,一定要有语句可以修改判断条件,使其有为假的时候,否则将出现“死循环”。while 语法格式如下:

```
while <表达式> :
    <语句序列>
[else:
    else 子句代码块]
```

其中:<表达式>称为循环条件,可以是任何合法的表达式,其值为 True、False,它用于控制循环是否继续进行。<语句序列>称为循环体,它是要被重复执行的代码行,循环体的语句可以是单个语句,也可以是多个语句,多个语句时要注意通过缩进对齐方式组成一个语句块。

与 if 语句的语法类似,如果 while 循环体中只有一条语句,可以将该语句与 while 写在同一行。例如:

```
n=int(input("请输入一个整数:"))
while n!=0: n=n//10
print(n)
```

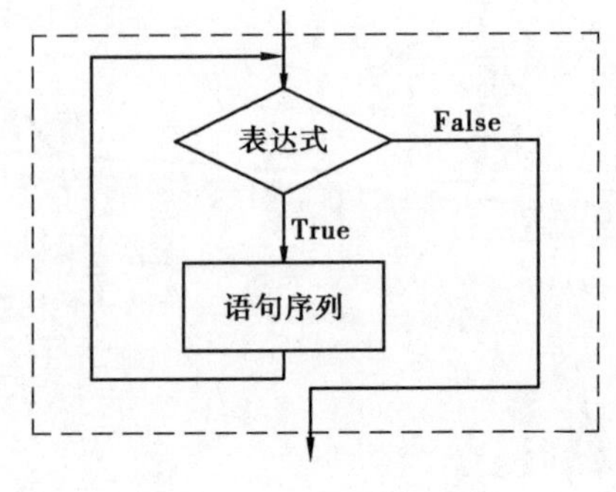

图 4-5 while 循环执行过程

执行顺序是:首先判断<表达式>的值,若值为真,则执行循环体<语句序列>,接着再判断<表达式>,直至<表达式>的值为 False 时退出循环,图 4-5 所示为 while 循环执行过程。

【例 4-10】 在屏幕上打印输出重复字符串。

[程序代码]

```
i=1
while(i<=3):                   #循环开始
    i=i+1
    print("python",i)          #循环结束
```

[运行结果]

```
python 2
python 3
python 4
```

【例 4-11】 编写程序,计算 1+2+3+...+100 的值。

分析:这是一个累加问题,需要将 100 个数相加。可以用 while 循环来实现,重复执行循环体 100 次,每次累加一个数。

[程序代码]

```
i=1                            #定义变量 i,赋初值为 1
Sum=0                          #定义变量 Sum,赋初值为 0
while i<=100:                  #循环条件,当 i>100 时结束
    Sum+=i                     #累加求和,将结果放入 Sum 中
    i+=1                       #每循环一次变量 i 的值加 1
print("1+2+3+...+100=",Sum)    #输出 Sum 的值
```

[运行结果]

```
1+2+3+...+100=5050
```

在使用 while 语句时,变量初始化描述要完整、准确。在上面的例子中,在 while 语句前要对变量 i 和 S 进行初始化。在循环体中应有使循环趋向于结束的语句。在上例中循环结束的条件是"i>100",因此,在循环体中应该有使 i 增值并最终大于 100 的语句,这里用"i+=1"语句来达到此目的,如果没有这条语句,则 i 的值始终不变,就形成了死循环。

从累加求和问题可以扩展到累乘问题,例如求 5!,定义变量 n 存放累乘积,变量 i 存放累乘项,循环体有两个操作分别是:n *=i,i+=1。n 的初始值和 i 的初始值都为 1。

需要注意的是,Python 语言数据类型非常丰富,数据表达形式多样,数据处理的系统

资源也非常多,因此在进行程序设计时可能存在非常简洁实用的方法,本章节的基本出发点是,加强程序设计基本方法和能力的培养,所以很多情况还是从原始的解题思路出发,自己构造算法并编写程序。在今后实际应用过程中,应充分挖掘 Python 语言的功能,选择简洁实用、方便高效的方法。例如,计算 1+2+3+…+100 的值,可以利用列表的求和函数来实现,语句如下:

```
lst=list (range (1,101))          # 生成包含1,2,3,…,100的列表lst
s=sum (lst)                        # 求列表lst的元素之和,并存入变量s
print(s)
```

[运行结果]

```
5050
```

关于列表的详细操作在后面章节会进行介绍。

【例 4-12】　输入一个整数,输出其位数。

分析:输入的整数存入变量 n 中,用变量 k 来统计 n 的位数,基本思路是每循环一次就去掉 n 的最低位数字(用 Python 的整除运算符实现),直到 n 为 0。

[程序代码]

```
n=int(input("请输入一个整数:"))    #输入的整数转换成整数存入变量n中
k=0                                #变量k用来统计n的位数
while n>0:                         #n<=0循环结束
    k+=1
    n//=10                         #每循环一次就去掉n的最低位数字
print ('k=',k)
```

[运行结果]

```
请输入一个整数:1234
k=4
```

4.4.2　for 循环结构

1)for 循环语法结构

while 循环语句非常灵活,基本能够满足循环结构程序设计的需要,但是有一种很重要的循环结构是已知重复执行次数的循环,通常称为计数循环。while 语句也可以实现计数循环,for 语句不局限于计数循环。Python 中的 for 循环是一个通用的序列迭代器,可以遍历任何有序的序列对象的元素。for 语句可用于字符串、列表、元组以及其他内置可迭代对象。for 循环语句的语法结构如下:

```
for <变量> in <序列> :
        <语句序列>
```

其中,<变量>可以扩展为变量表,变量与变量之间用“,”分开。<序列>可以是序列、迭代器或其他支持迭代的对象。列表、元组、字符串以及字典等都属于序列型的对象。

for 语句的执行顺序：<变量>取遍<序列>中的每一个值。每取一个值，如果这个值在<序列>中，执行<语句序列>，返回，再取下一个值，再判断，再执行，依次类推，直到遍历完成或发生异常退出循环。

for 循环常用于遍历列表、元组、字符串以及字典等序列中的元素。具体使用方法将陆续在以后各章节中进行介绍。

2)for 循环语句与 range( ) 函数

for 循环语句经常与 range( ) 函数一起使用，range( ) 函数是 Python 的内置函数，可创建一个整数列表。range( ) 函数的语法是：

range([start,]stop[,step])

参数说明：

start：计数从 start 开始，默认是从 0 开始。例如，range(6)等价于 range(0,6)；

stop：计数到 stop 结束，但不包括 stop。例如，range(0,6)是[0,1,2,3,4,5]；

step：步长，默认为 1。例如，range(0,5)等价于 range(0,5,1)。

【例 4-13】 使用 for 循环求 5！。

[程序代码]

```
jc=1                            #创建变量 jc,赋初值为 1
for i in range(1,6):            #循环变量 i 从 1 取到 5
    jc*=i                       #累乘,将结果放入 jc 中
print("5! =",jc)                #输出 jc 的值
```

[运行结果]

```
5! =120
```

【例 4-14】 求斐波拉契数列前 20 项。

分析：斐波那契数列又称黄金分割数列、因数学家列昂纳多·斐波那契以兔子繁殖为例子而引入，故又称为“兔子数列”，指的是这样一个数列：1、1、2、3、5、8、13、21、34、…在数学上，斐波那契数列以如下被递推的方法定义：

$F(1)=1, F(2)=1, F(n)=F(n-1)+F(n-2)\ (n>=3, n\in N*)$

[程序代码]

```
f1,f2=1,1                       #创建变量 f1 和 f2 分别赋值数列前两项
print (f1,"\t",f2,end="\t")     #\t 为转义字符:水平制表
for i in range (3,21):
    f=f2+f1
    print (f,end="\t")
    if i%5==0 :                 #控制一行输出 5 个数
        print()                 #输出空字符串,作用是为了换行
    f2,f1=f1,f                  #更新 f1,2,为求下一项做准备
```

[运行结果]

```
1     1     2     3     5
8     13    21    34    55
89    144   233   377   610
987   1597  2584  4181  6765
```

4.4.3 循环嵌套

如果一个循环结构的循环体又包括一个循环结构,就称为循环的嵌套,或称为多重循环结构。嵌在循环体内的循环称为内循环,嵌有内循环的循环称为外循环。内嵌的循环中还可以嵌套循环,这就是多重循环。经常用到的是二重循环和三重循环。两种循环语句 while 语句和 for 语句可以互相嵌套,自由组合。外层循环体中可以包含一个或多个内层循环结构,但要注意的是,各循环必须完整包含,相互之间不允许有交叉现象。

【例 4-15】 编写一个程序,输出以下乘法表。

1 * 1=1

1 * 2=2 2 * 2=4

1 * 3=3 2 * 3=6 3 * 3=9

1 * 4=4 2 * 4=8 3 * 4=12 4 * 4=16

…

1 * 9=9 2 * 9=9 3 * 9=27 4 * 9=36 … 9 * 9=81

分析:该问题可使用 for 语句的循环嵌套来实现,外循环控制行,内循环控制列。

[程序代码]

```
for i in range(1,10):          #循环变量 i 从 1 循环到 9
    for j in range(1,i+1):     #循环变量 j 从 1 循环到 i+1
        print(j,"*",i,"=",i*j, "",end=" ")
    print("")
```

运行结果如图 4-6 所示。

```
1*1=1
1*2=2   2*2=4
1*3=3   2*3=6    3*3=9
1*4=4   2*4=8    3*4=12   4*4=16
1*5=5   2*5=10   3*5=15   4*5=20   5*5=25
1*6=6   2*6=12   3*6=18   4*6=24   5*6=30   6*6=36
1*7=7   2*7=14   3*7=21   4*7=28   5*7=35   6*7=42   7*7=49
1*8=8   2*8=16   3*8=24   4*8=32   5*8=40   6*8=48   7*8=56   8*8=64
1*9=9   2*9=18   3*9=27   4*9=36   5*9=45   6*9=54   7*9=63   8*9=72   9*9=81
```

图 4-6 例 4-15 运行结果

4.5 循环控制语句

循环控制语句可以改变循环的执行路径。Python 支持以下循环控制语句：break 语句、continue 语句和 pass 语句。

4.5.1 break 语句

break 语句用在循环语句中，结束当前的循环跳转执行循环后面的语句。break 语句常常与 if 语句配合使用，即满足某条件时跳出循环。

【例 4-16】 执行下面程序，观察结果。

[程序代码]

```
i=1
while i<10:              #创建 while 循环条件，i>=10 结束循环
    print("变量值:",i)
    i=i +1
    if i==5:
        break            #当变量 i 等于 5 时强制跳出循环
print("程序结束！")
```

[运行结果]

```
变量值：1
变量值：2
变量值：3
变量值：4
程序结束！
```

【例 4-17】 执行 break 语句的循环程序，观察结果。

[程序代码]

```
for i in range(1,6):
    print(i)
    if(i%3):
        print("* * *")
    else:
        break
print("###")
print("程序结束！")
```

[运行结果]

```
1
* * *
2
* * *
3
###
程序结束!
```

4.5.2 continue 语句

与 break 语句不同,当在循环结构中执行 continue 语句时,并不会退出循环结构,而是立即结束本次循环,重新开始下一轮循环,也就是说,跳过循环体中在 continue 语句之后的所有语句,继续下一轮循环。对于 while 语句,执行 continue 语句后将使控制直接转向条件判断部分,从而决定是否继续执行循环。对于 for 语句,执行 continue 语句后并没有立即测试循环条件,而是先将序列的下一个元素赋给目标变量,根据赋值情况来决定是否继续执行 for 循环。

【例 4-18】 执行下面的循环程序,观察结果与例 4-16 有什么不同?

[程序代码]

```
for i in range(1,6):
    print(i)
    if(i%3):
        print("* * *")
    else:
        break
print("###")
print("程序结束! ")
```

[运行结果]

```
1
* * *
2
* * *
3
4
* * *
5
```

```
* * *
###
程序结束!
```

4.5.3 pass 语句

pass 语句是一个空语句,它不做任何操作,代表一个空操作。pass 语句用于在某些场合下语法上需要一个语句但实际却什么都不做的情况,就相当于一个占位符。例如,循环体可以包含一个语句,也可以包含多个语句,但是却不可以没有任何语句。例如,如果只是想让程序循环一定次数,但循环过程什么也不做,就可以使用 pass 语句。比如下面的循环程序。

```
for  i  in range(0,5) :
    if i%2==0:
        pass
    print(i)
```

该循环程序执行了 5 次循环,虽然有 pass 语句的分支结构,但对整个程序的执行没有任何影响。

4.6 典型案例

4.6.1 判断奇偶数

【例 4-19】 编写程序实现输入一个整数,判断该数的奇偶性。

[程序代码]

```
i=int(input("输入一个整数:"))
if (i%2)==0:        #判断 i 是否为偶数
    print(i,"是一个偶数 ")
else:
    print(i,"是一个奇数")
```

[运行结果]

```
输入一个数字:8
8 是一个偶数
```

4.6.2 猜数游戏

【例 4-20】 编写循环程序实现猜数游戏:计算机随机生成一个 1~100 的正整数,有 5 次机会来猜。

分析:此程序要用到 random 库中的 random( ) 函数,random( ) 函数功能是随机生成一个 0~1 之间的小数。

[程序代码]

```
import random                          #导入 random 模块
n=int(random.random() * 99)+1          #随机生成 1~100 之间的整数
i=0
while i<5:                             #循环控制猜数次数
    num=int(input())                   #输入猜想的数
    if num==n:
        print("恭喜你! 猜中了! ")
        break                          #如果猜中了循环结束
    elif num<n:
        print("您输的数小了! ")
    else:
        print("您输的数大了! ")
    i=i+1
else:                                  # for 循环的 else 语句
    print("很遗憾,没猜中,最终数字为:",n)
```

[运行结果]

```
58
您输的数大了!
66
您输的数大了!
40
您输的数小了!
50
您输的数大了!
45
您输的数大了!
很遗憾,没猜中,最终数字为: 41
```

说明:带有 else 语句的循环,首先会正常执行循环结构,也就是说,只要预设条件的循环正常执行完,就执行了 else 语句中的语句序列,否则如果循环不是正常执行完的,比如循环因为 break 中断退出,则不执行 else 中的语句序列。

4.6.3　百钱买百鸡

【例 4-21】“百钱买百鸡问题”:鸡翁一,值钱五;鸡母一,值钱三;鸡雏三,值钱一;百钱买百鸡,问翁、母、雏各几何? 编程将所有可能的结果输出。

分析:根据要求设公鸡、母鸡和小鸡分别为 c、h 和 b,如果 100 钱全买公鸡最多能买 20 只,所以 c 的范围是大于等于 0 小于等于 20;如果全买母鸡最多能买 33 只,所以 h 的范围是大于等于 0 小于等于 33;如果 100 钱全买小鸡,小鸡的数量应小于 100 且是 3 的倍数,最多能买 99 只。确定了各种鸡的范围后进行穷举并判断,判断的条件有以下 3 个:

①所买的 3 种鸡的钱数总和为 100;

②所买的 3 种鸡的数量之和为 100;

③所买的小鸡的数量必须是 3 的倍数。

[程序代码]

```
for c in range(0,20+1):                                    #鸡翁范围在 0 到 20 之间
    for h   in range(0,33+1):                              #鸡母范围在 0 到 33 之间
        for b in range(3,99+1):                            #鸡雏范围在 3 到 99 之间
            if (5 * c+3 * h+b/3)= =100:                    #判断钱数是否等于 100
                if (c+h+b)= =100:                          #判断购买的鸡数是否等于 100
                    if b%3= =0:                            #判断鸡雏数是否能被 3 整除
                        print("鸡翁:",c,"鸡母:",h,"鸡雏:" ,b)
```

[运行结果]

```
鸡翁: 0 鸡母: 25 鸡雏: 75
鸡翁: 4 鸡母: 18 鸡雏: 78
鸡翁: 8 鸡母: 11 鸡雏: 81
鸡翁: 12 鸡母: 4 鸡雏: 84
```

说明:上面程序中的条件也可以用一个 if 语句实现

```
if (5 * c+3 * h+b/3)= =100 and c+h+b= =100 and b%3= =0:
```

4.6.4 最大公约数

【例 4-22】 键盘输入任意两个整数 m 和 n,求两个数的最大公约数。

分析:首先对于输入的两个整数 m,n,使得 m>n;其次计算 m 除以 n 得到余数 r;如果 $r\neq0$,则令 $m\leftarrow n$,$n\leftarrow r$,继续相除得新的 r;直到 r=0 求得最大公约数,程序结束。

[程序代码]

```
a=int(input("请输入一个数:"))
b=int(input("在输入一个数:"))
x=a
y=b
if x<y:
    x,y=y,x
```

```
r=x%y
while r! =0:
        x=y
        y=r
        r=x%y
print(a,"和",b,"的最大公约数是",y)
```

[运行结果]

```
请输入一个数:12
在输入一个数:8
12 和 8 的最大公约数是 4
```

4.6.5 判断素数

【例 4-23】 输入任意正整数,判断是否是素数。例如,输入 101,判断是否是素数。

分析:只能被 1 和本身整除的数称为素数。

若要判断一个数 n 是否是素数,可让 n 依次被 2 到 n-1 除,令除数为 i,i 的取值区间为[2,n-1](数学意义上的闭区间),如果 n 不能被任何一个 i 整除,则该数是素数;否则 n 一旦被 i 整除,则该数不是素数,即可退出循环结束判断。

优化一下,可以让 n 依次被 $2 \sim \sqrt{n}$ 整除,可减少循环次数。

[参考代码]

```
n=int(input("输入任意正整数:"))
flag=True
for i in range(2,n):
    if n%i==0:
        flag=False
        break
if flag:
    print(n,"是素数")
else:
    print(n,"不是素数")
```

[运行结果]

```
输入任意正整数:101
101 是素数
```

本例也可以借助 Python 特有的 for—else 结构实现

[参考代码]

```
n=int(input("输入任意正整数:"))
```

```
for i in range(2,n):
    if n%i==0:
        print(n,"不是素数")
        break
else:
    print(n,"是素数")
```

[运行结果]

```
输入任意正整数:101
101 是素数
```

第 5 章　Python 的组合数据结构

Python 除整数类型、浮点数类型等基本的数据类型外，还提供了列表、元组、字典、集合等组合数据类型。组合数据类型能将不同类型的数据组织在一起，实现更复杂的数据表示或数据处理功能。

5.1　序列的概念和基本操作

根据数据之间的关系，Python 的组合数据类型可以分为 3 类：序列类型、映射类型和集合类型。序列类型是 Python 中最基本的数据结构，是一块用来存放多个值的连续内存空间。因此，序列中的每个元素都有一个固定的位置，即索引，第一个元素索引是 0，第二个元素索引是 1，依此类推。序列可以进行的操作有索引、切片、加、乘、检查成员。此外，Python 还提供了计算序列长度、计算最大值、最小值等常用操作。

序列包括字符串、列表和元组 3 种，字符串可以看作单一字符的有序组合，属于序列类型。由于字符串类型十分常用且单一字符串只能表达一个含义，也被看作基本的数据类型。

5.1.1　序列的索引

序列中的所有元素都可以通过索引（下标）来获取，从左往右，依次为 0、1、2，一直到最后一位。在 Python 中，序列还可以反向索引，用负值表示，即从右向左，依次为-1、-2、-3，一直到左侧第一位。

以字符串为例，如果创建字符串 s="Hello,Python!"，其索引见表 5-1。

表 5-1　字符串 s 索引示意表

字　符	H	e	l	l	o	,	P	y	t	h	o	n	!
正向索引	0	1	2	3	4	5	6	7	8	9	10	11	12
反向索引	-13	-12	-11	-10	-9	-8	-7	-6	-5	-4	-3	-2	-1

如果需要访问字符串中的某一个字符，可以通过正向索引或者反向索引的方法直接访问。

例如：字母“H”在字符串的正数第一位，其正向索引值为 0，从后往前数，“H”在字符串倒数第 13 位，其反向索引值为-13，因此，在字符串 s 中，可以使用 S[0]或者 s[-13]访问字母“H”，同时，也可以使用字符串本身直接使用索引，即：" Hello,Python! "[0]或" Hello,Python!"[-13]也可以直接访问字母“H”。其他序列类似。

5.1.2 序列的切片

切片也称分片，和索引一样，都可以读取序列中的元素，不同的是索引只能且必须访问序列中的一个对象，而切片可以获取序列中指定范围的元素，其基本格式如下：

序列对象名[起始位置:结束位置:步长值]

序列切片操作非常灵活，用户可以自由设置3个参数，3个参数中间用冒号“:”分开。其中，起始位置和结束位置可以混合使用正向索引和反向索引，且允许下标超界；步长值可以是除0以外的任意整数，正数表示从左向右切片，负数表示从右向左切片。3个参数都可以选择默认值，其中，起始位置默认值为0；结束位置不包含结束位本身，默认值为切片方向的最后一位（含最后一位），步长值默认值为1。

需要注意的是，在序列切片操作时，若结束位置按照切片方向超过起始位置时，切片结果为空。

【例5-1】 字符串切片操作。

```
s="Hello,python!"#定义字符串变量s
s[3:5:1]            #获取s中从第4位至第5位的元素                    'lo'
s[3:5]              #功能同上                                      'lo'
s[3:]               #获取s中从第4位开始的所有元素                   'lo,python!'
s[:6]               #获取s中从第1位至第6位的元素                    'Hello,'
s[::2]              #间隔1位,获取s中从第1位开始的所有元素           'Hlopto!'
s[2:-2]             #获取s中获取正数第3位至倒数第3位的元素          'llo,pytho
s[-2:-8:-1]         #从右向左获取s中从倒数第2位至倒数第7位          'nohtyp'
                    的元素
s[-1::-1]           #从右向左获取s中从倒数第1位开始的所有元素       '!nohtyp,olleH'
s[::-1]             #功能同上(字符串逆序)                          '!nohtyp,olleH'
s[8:-8:1]           #获取s中从第9位开始至倒数第7位的元素            ''
```

5.1.3 序列的基本运算

在Python中，序列可以进行加法运算和乘法运算，其运算法则见表5-2。

表5-2 序列运算符

运算符号	功 能	举 例	结 果
序列+序列	将两个序列合并为新的序列	[1,2,3]+[4,5,6]	[1,2,3,4,5,6]
序列 * 正整数n	将原序列重复n次	“python” * 3	“pythonpython python”
成员 in 序列	检查成员是否包含在序列中	3 in (1,2,3,4)	True

需要注意的是,序列的“+”运算必须是两个相同类型的序列,不同类型的序列不能执行该运算。

5.1.4 序列的常用方法

序列除了上述通用运算符外,Python 还提供了很多系统函数,常用系统函数如下所述。

1)len(序列对象)

返回序列长度,即序列中包含元素的个数,若序列对象为空,则返回0。

例如:len(“abc”)

结果:3

2)max(序列对象)

返回序列中各元素的最大值,要求序列中元素必须是可以比较的同一种数据类型。

例如:max([1,2,3])

结果:3

3)min(序列对象)

返回序列中各元素的最小值,要求序列中元素必须是可以比较的同一种数据类型。

例如:min((1,2,3))

结果:1

4)sum(序列对象)

返回序列所有元素的和,要求序列中所有元素必须为数值型数据。

例如:sum([1,2,3])

结果:6

5)sorted(序列对象,key=None,reverse=False)

返回序列按照指定条件进行升序排序后的新序列,其中 key 值一般为一个指定比较方法的函数,例如 key=len()表示按照元素长度进行比较,默认按照元素大小排序;reverse 用于设置输出结果为顺序输出或者逆序输出,reverse=True 时表示逆序输出,可以实现降序排序 reverse=False 时表示默认顺序输出。

例如:

```
sorted([5,3,1,4,2])                    #结果:[1,2,3,4,5]
sorted([5,3,1,4,2], reverse=True)      #结果:[5,4,3,2,1]
```

6)all(序列对象)

如果序列中所有元素均为 True,则返回 True,否则返回 False。

例如:all([1,2,3,4,0])

结果:False

7)any(序列对象)

如果序列中有一个元素值为 True,则返回 True,否则返回 False。

例如:any([1,2,3,4,0])

结果:True

5.2 字符串

在 Python 中,字符串属于不可变有序序列,使用单引号、双引号、三单引号或三双引号作为定界符,并且不同的定界符之间可以互相嵌套。

除了支持序列通用方法外,字符串类型还支持一些特有的操作方法,例如字符串格式化、查找、替换、排版等。

字符串属于不可变序列,不能直接对字符串对象进行元素增加、修改与删除等操作,切片操作也只能访问其中的元素而无法使用切片来修改字符串中的字符。

5.2.1 字符串的格式化

程序运行输出的结果很多时候是以字符串的形式呈现,为了实现输出的灵活性和可编辑性,需要控制字符串的输出格式,即字符串类型的格式化。Python 支持两种字符串的格式化方法,一是使用格式化操作符“%”,另一种采用专门的 str.format( )方法。

1)使用%格式化

在 Python 中,使用格式化操作符“%”进行格式化的一般格式为:

“%[对齐方式][填充符号][输出最小宽度][.输出精度]格式字符”%变量列表

其中:

对齐方式可以为“+”或者“-”,其中“+”表示右对齐,“-”表示左对齐,默认右对齐。

填充符号一般为“0”或者不填(默认空格),用于在输出时,实际输出位数小于指定输出位数时填充位数。为了保证输出结果的可读性,一般情况下,在输出字符串时,不采用“0”或者其他符号补位;在输出数值型数据时,整数右对齐可以在前面补“0”,左对齐时,后面补空格,不补“0”,小数部分补“0”,不补空格。

输出最小宽度为正整数,当输出内容的实际位数小于最小宽度时,按照指定对齐格式,填充指定符号补齐最小宽度指定的位数,当输出内容的实际位数大于最小宽度时,则按实际位数输出,忽略最小宽度。

输出精度以小数点“.”确定,若输出数字,则表示小数的位数,若输出字符,则表示输出字符的个数,当实际位数大于精度时,截去超过部分。

当格式化的数据个数超过 1 个时,需将所有格式化的数据按照格式化的先后顺序,依次填写在变量列表的括号中,中间用逗号分开。

输出格式字符见表 5-3。

表 5-3 常用格式字符表

格式字符	描 述
%c	格式化字符及其 ASCII 码
%s	格式化字符串
%d	格式化整数
%u	格式化无符号整型
%o	格式化无符号八进制数
%x	格式化无符号十六进制数
%X	格式化无符号十六进制数(大写)
%f	格式化浮点数字,可指定小数点后的精度
%e	用科学计数法格式化浮点数
%E	作用同%e,用科学计数法格式化浮点数
%g	%f 和%e 的简写
%G	%f 和%E 的简写
%p	用十六进制数格式化变量的地址

【例 5-2】 利用格式化符号“%”格式化字符串。

```
s="abcdefg"
m=123
n=123456.789

print("%-05d"%m)
print("%05d"%m)
print("%10.2f"%n)
print("%10.4f"%n)
print("%5.2f"%n)
print("m=%d,n=%.2f"%(m,n))

print("%s"%s)
print("%-10s"%s)
print("%10s"%s)
print("%10.5s"%s)
print("%5.9s"%s)
```

[运行结果]

```
123            #左对齐,后补两个空格
00123          #默认右对齐,前补两个0
 123456.79     #最小输出宽度10位,保留两位小数
123456.7890    #按照实际位数输出整数部分,小数部分补0保证精度
123456.79
m=123,n=123456.79
abcdefg        #原样输出
abcdefg        #左对齐,后补3个空格
   abcdefg     #右对齐,前补3个空格
     abcde     #最小输出宽度10位,截取字符串前5位输出,前补空格
abcdefg
```

2)使用 format()函数格式化

从 Python2.6 开始,就增加了一种格式化字符串 format()方法,其基本格式为:

s.format()

其中:

字符串 s 也称模板字符串,其中包括多个由“{}”表示的占位符,这些占位符接收 format()方法中的参数。占位符基本格式如下:

{[位置关键字]:[填充符号][对其方式][正负号][输出宽度][,][.输出精度][格式化类型]}.format(格式化对象)

其中:

位置关键字用于指定格式化对象中的顺序号,第一个编号为 0,默认时,按照格式化对象的自然顺序依次格式化。

填充符号用于在输出时,实际输出位数小于指定输出位数时的填充位数。可以填充任意符号,默认填充空格。

对齐方式可选“<”表示内容左对齐;“>”表示内容右对齐;“^”表示内容居中对齐,默认右对齐。

正负号为可选参数,用于显示数字前的符号。“+”用于在正数数值前添加正号,在负数数值前添加负号;“-”表示正号不变,在负数数值前添加负号。空格表示在正数数值前添加空格,在负数数值前添加负号。

输出宽度指定格式化后的字符串所在的宽度。

逗号(,)表示为数字添加千分位分隔符。Python 3.6 以上版本还支持使用下画线“_”。

输出精度以小数点“.”确定,若输出数字,则表示小数的位数,若输出字符,则表示输出字符的个数,当实际位数大于精度时,截去超过部分。

【例 5-3】 使用 format()方法格式化字符串。

```
print("{} {}".format(" Hello ", " Python "))
print("{0} {1}".format(" hello ", " Python ") )
print("{1} {0} {1}".format(" hello ", " Python "))
print("半径为{:d}的圆的面积为{:.2f}".format(3,3.1415926 * 3 * 3))

print("宽度 10 位左对齐:*{0:<10s}*\n 宽度 10 位居中对齐:*{2:^10s}*\n 宽度 10 位右对齐:*{1:>10s}*\n".format("左对齐","右对齐","居中对齐"))
```

[运行结果]

```
Hello Python                    # 不设置指定位置,按默认顺序
Hello Python                    # 设置指定位置
Python Hello Python             # 设置指定位置
半径为 3 的圆的面积为 28.27

宽度 10 位左对齐:*左对齐       *
宽度 10 位居中对齐:*   居中对齐   *
宽度 10 位右对齐:*       右对齐*
```

5.2.2 字符串的常用方法

Python 提供了很多用于字符串操作的方法和内置函数。由于字符串是不可变对象,所以字符串对象提供的涉及字符串“修改”的方法都是返回修改后的新字符串,并不对原始字符串做任何修改。常用字符串函数见表 5-4—表 5-9。

1)字符串查找

表 5-4 字符串查找函数

函数名	功 能
s.find(t,[start,[end]])	返回字符串 t 在字符串 s 中从左向右的位置,若不存在,返回-1,参数 start 和 end 用于指定搜索范围,下同
s.rfind(t,[start,[end]])	返回字符串 t 在字符串 s 中从右向左的位置,若不存在,返回-1
s.index(t,[start,[end]])	同 s.find(t),若不存在,抛出异常
s.rindex(t,[start,[end]])	同 s.rfind(t),若不存在,抛出异常
s.count(t,[start,[end]])	统计字符串 t 在字符串 s 中出现的次数,若不存在,返回 0
s.startswith(t,[start,[end]])	判断字符串 t 是否为字符串 s 的前缀,若是返回 True,否则返回 False
s.endswith(t,[start,[end]])	判断字符串 t 是否为字符串 s 的后缀,若是返回 True,否则返回 False

【例 5-4】 字符串查找函数。

```
s="ababcabcd"
t="abc"
print(s.find(t))
print(s.find(t,2,5))
print(s.find(t,2,4))
print(s.rfind(t))
print(s.index(t))
print(s.rindex(t))
print(s.count(t))
print(s.startswith(t))
print(s.endswith(t))
```

[运行结果]

```
2
2
-1
5
2
5
2
False
False
```

2)大小写转换

表 5-5　字符串大小写转换函数

函数名	功　能
s.upper()	全部转换为大写字母
s.lower()	全部转换为小写字母
s.swapcase()	字母大小写互换
s.capitalize()	首字母大写,其余小写
s.title()	首字母大写

【例 5-5】 字符串大小写转换函数。

```
s="I love pyThon! "
print(s.upper())
```

```
print(s.lower())
print(s.swapcase())
print(s.capitalize())
print(s.title())
```

[运行结果]

```
I LOVE PYTHON!
i love python!
i LOVE PYtHON!
I love python!
I Love Python!
```

3)字符串分割、合并

表 5-6 字符串分割、合并函数

函数名	功 能
s.split([t,[n]])	以符号 t 为分隔符,把字符串 s 拆分成一个列表。默认的分隔符为空格。n 表示拆分的次数,默认取-1,表示无限制拆分
s.rsplit([t,[n]])	从右侧把字符串 s 拆分成一个列表
s.splitlines()	把 s 按行拆分成一个列表
s.partition(t)	以指定字符串 t 为分隔符将字符串 s 分隔为 3 个部分,即分隔符前的字符串、分隔符字符串、分隔符后的字符串,如果指定的分隔符不在原字符串中,则返回原字符串和两个空字符串
s.rpartition(t)	同上,从右侧分割
t.join(s)	利用符号 t 将序列 s 中的元素重新连接,生成新字符串

【例 5-6】 字符串分割、合并。

```
s="a b  c  \n  d  e"
print(s.split())
print(s.split(" ",2))
print(s.rsplit())
print(s.splitlines())
print(s.partition("c"))
print(s.rpartition(" "))
print(" ".join(s.split()))
```

[运行结果]

```
['a','b','c','d','e']
['a','b','c \n d e']
['a','b','c','d','e']
['ab c ',' d e']
('ab ','c',' \n d e')
('ab c \n d','','e')
abcde
```

4)字符串对齐

表 5-7 字符串对齐函数

函数名	功 能
s.ljust(n,[t])	总宽度 n 位,s 左对齐,右边不足部分用符号 t 填充,默认用空格填充
s.rjust(n,[t])	总宽度 n 位,s 右对齐,左边不足部分用符号 t 填充,默认用空格填充
s.center(n,[t])	总宽度 n 位,s 中间对齐,两边不足部分用符号 t 填充,默认用空格填充
s.zfill(n)	把 s 变成 n 位长度,并且右对齐,左边不足部分用 0 补齐

【例 5-7】 字符串对齐。

```
s="Python"
print(s.ljust(10,"*"))
print(s.rjust(10))
print(s.center(10,"-"))
print(s.zfill(10))
```

[运行结果]

```
Python****
    Python
--Python--
0000Python
```

5)字符串替换

表 5-8 字符串替换函数

函数名	功 能
s.replace(t1,t2,[n])	把 s 中的子串 t1 替换为字符串 t2,n 为替换次数
s.strip([t])	把 s 中前后的子串 t 全部去掉,默认去掉前后空格
s.lstrip([t])	把 s 左边的子串 t 全部去掉,默认去掉左边空格
s.rstrip([t])	把 s 右边的子串 t 全部去掉,默认去掉右边空格
s.expandtabs([n])	把 s 中的 tab 字符替换为空格,每个 tab 替换为 n 个空格,默认是 8 个

【例 5-8】　字符串替换。

```
s1="我爱中国"
print(s1.replace("中国","中华人民共和国"))
print(s1.replace("","*"))
s2=" abccba "
print("#"+s2.strip(" a ")+"#")   # 输出结果前后加"#"以便查看结果
s3="   ab c d   "
print("#"+s3.lstrip()+"#")
print("#"+s3.rstrip()+"#")
s4=" a b\tc\t\td "
print("#"+s4.expandtabs()+"#")
```

[运行结果]

```
我爱中华人民共和国
*我*爱*中*国*
#bccb#
#ab c d   #
#   ab c d#
#a b     c               d#
```

6)字符串测试

表 5-9　字符串测试函数

函数名	功　能
s.isalnum()	是否全是字母和数字,并至少有一个字符
s.isalpha()	是否全是字母,并至少有一个字符
s.isdigit()	是否全是数字,并至少有一个字符
s.isspace()	是否全是空格,并至少有一个字符
s.islower()	s 中的字母是否全是小写
s.isupper()	s 中的字母是否便是大写
s.istitle()	s 是否是首字母大写

【例 5-9】　字符串测试。

```
print(" a1b2 ".isalnum())
print(" a b\n ".isalpha())
print(" 123 ".isdigit())
print(" \t ".isspace())
```

```
print("I love python".islower())
print("I love python".isupper())
print("I love python".istitle())
```

[运行结果]

```
True
False
True
True
False
False
False
```

5.3 列表

列表是一种可变序列类型,标记"[ ]"可以创建列表,使用序列的常用操作符可以完成列表的切片、检索、计数等基本操作。与字符串的索引一样,列表索引从 0 开始。列表可以进行截取、组合等。

5.3.1 列表的基本操作

1)创建列表

列表使用方括号"[ ]"作为定界符,其元素可以是任意类型,各元素之间用逗号分开。

例如,执行命令 list1=[123,"abc",True,["a","b"]]后,则在内存中定义了一个名为 list1 的列表,其中包含 4 个元素,其中第一个元素为数值型数据 123,第二个元素为字符串"abc",第三个元素为布尔型常量 True,第四个元素为另一个列表["a","b"]。需要注意的是,在 Python 中,如果利用赋值符号"=" 将一个列表赋值给一个变量时,不能生成新的列表,只是对列表增加了一个引用。

在 Python 中,也可以使用 list()函数将一个序列或者可迭代对象直接转换为列表。

【例 5-10】 列表的定义。

```
list1=[123,"abc",True,["a","b"]]
s="abcde"
list2=list(range(1,10,2))
list3=list1+list2
list4=[ ]
print("list1=",list1)
print("list2=",list2)
```

```
print(" list3 =",list3)
print(" list4 =",list4)
```

[运行结果]

```
list1 =  [123, 'abc', True, ['a', 'b']]
list2 =  [1, 3, 5, 7, 9]
list3 =  [123, 'abc', True, ['a', 'b'], 1, 3, 5, 7, 9]
list4 =  []
```

2)删除列表

在 Python 中,当一个对象不再使用时,可以使用 del 命令将其引用删除。该命令可以用于变量、列表等 Python 的所有对象。

【例 5-11】 对象的删除。

```
x=1
y=x
print(x,y)
del x
print(y)          #此时若输出 print(x),将会出现"NameError: name 'x' is not defined"异常
list1=[1,2,3]
list2=list1
print(list1,list2)
del list1
print(list2)      #此时若输出 print(list1),将会出现"NameError: name 'list1' is not defined"异常
```

[运行结果]

```
1 1
1
[1, 2, 3] [1, 2, 3]
[1, 2, 3]
```

3)列表元素的访问

创建列表之后,可以使用整数作为下标来访问其中的元素,其中 0 表示第 1 个元素,1 表示第 2 个元素,2 表示第 3 个元素,以此类推;列表还支持使用负整数作为下标,其中-1 表示最后 1 个元素,-2 表示倒数第 2 个元素,-3 表示倒数第 3 个元素,以此类推。列表元素也支持切片访问。

【例 5-12】 列表元素的访问。

```
list1=[123,"abc",True,["a","b"]]
```

```
print(list1)
print(list1[1])
print(list1[3])
print(list1[1:3])
print(list1[3][0])
print(list1[3][1])
```

[运行结果]

```
[123, 'abc', True, ['a', 'b']]
abc
['a', 'b']
['abc', True]
a
b
```

在列表 list1 中,其第四个元素(索引编号为 3)为列表类型,用户也可以使用列表访问方法继续访问其嵌套的元素,此时,只需将“list1[3]”看作一个列表的名称即可,然后再在列表名后用[ ]访问指定索引编号的元素。

4)修改列表元素

列表属于可变序列,因此,列表的元素允许被修改,在 Python 中,要修改列表中的元素,只需要使用赋值符号“=”对指定元素重新赋值即可。除此之外,Python 还可以使用切片的方法对列表中的多个元素进行赋值。

【例 5-13】 列表元素的修改。

```
list1=list(range(1,10))
print(list1)
list1[0]="abc"
list1[1]=22
list1[2:4]="abcd"
print(list1)
```

[运行结果]

```
[1, 2, 3, 4, 5, 6, 7, 8, 9]
['abc', 22, 'a', 'b', 'c', 'd', 5, 6, 7, 8, 9]
```

5)删除列表元素

列表的元素可以使用 del 命令删除。

【例 5-14】 列表元素的删除。

```
list1=list(range(1,10))
print(list1)
```

```
del list1[0]
print(list1)
del list1[::2]
print(list1)
```

[运行结果]

```
[1, 2, 3, 4, 5, 6, 7, 8, 9]
[2, 3, 4, 5, 6, 7, 8, 9]
[3, 5, 7, 9]
```

需要注意的是,列表在内存中存储时,所有元素必须连续存储,当列表增加或删除元素时,列表对象自动进行内存的扩展或收缩,从而保证相邻元素之间没有缝隙。Python 列表的这个内存自动管理功能可以大幅度减少程序员的负担,但插入和删除非尾部元素时会涉及列表中大量元素的移动,将严重影响效率。

在非尾部位置插入和删除元素时会改变该位置后面的元素在列表中的索引,这对于某些操作可能会导致意外的错误结果。除非确实有必要,否则应尽量从列表尾部进行元素的追加与删除操作。

6)列表的遍历

遍历列表可以依次访问或者处理列表中的每个元素。由于列表属于有序序列,因此,可以使用索引顺序的方法遍历列表,也可以使用成员运算符"in"来遍历列表。

【例 5-15】 利用 while 循环遍历列表。

```
list1=list(range(1,10,2))
i=0                       #从第一个元素开始访问,下标为0
while i<len(list1):       #当访问到列表最大限度时循环结束
    print(list1[i],end="  ")
i +=1
```

[运行结果]

```
1 3 5 7 9
```

【例 5-16】 利用 for 循环遍历列表。

```
s="Hello,Python! "
list1=list(s)
print("字符串遍历的结果:")
for i in range(len(s)):
    print(s[i],end="")
print("\n 列表遍历的结果:")
for j in range(len(list1)):
print(list1[j],end="")
```

[运行结果]

```
字符串遍历的结果:
Hello,Python!
列表遍历的结果:
Hello,Python!
```

成员运算符“in”本身就具有遍历序列的功能,因此,上述程序可以简化为下列程序代码。

```
s="Hello,Python! "
list1=list(s)
print("字符串遍历的结果:")
for i in s:              #循环变量 i 的值依次读取字符串 s 中的每个元素
    print(i,end="")
print("\n 列表遍历的结果:")
for j in list1:          #循环变量 i 的值依次读取列表 list1 中的每个元素
print(j,end="")
```

运行结果同上。

5.3.2 列表的常用方法

除了序列通用操作外,列表对象还有一些特有的方法来实现列表的操作,常用方法见表 5-10。

表 5-10 列表常用方法

函数名	功 能
list.append(obj)	在列表尾部添加一个对象,列表长度加 1
list.extend(seq)	将序列 seq 中的元素依次添加到列表中
list.insert(n, obj)	在列表中索引为 n 的位置插入一个对象,列表原有元素依次后移一位,若 n 越界,则在原列表尾部插入
list.pop(n)	删除列表中指定索引的元素,并返回其值,默认返回最后一个元素
list.remove(obj)	删除列表中指定元素

【例 5-17】 列表常用方法。

```
list1=[1,2,3,4]
list1.append(["a","b"])
print(list1)
list2=[1,2,3,4]
```

```
list2.extend(["a","b"])
print(list2)
list3=[1,2,3,4]
list3.insert(2, 22)
print(list3)
t=list3.pop(1)
print(list3,t)
list3.remove(22)
print(list3)
```

[运行结果]

```
[1, 2, 3, 4, ['a', 'b']]
[1, 2, 3, 4, 'a', 'b']
[1, 2, 22, 3, 4]
[1, 22, 3, 4] 2
[1, 3, 4]
```

5.3.3　列表推导式

列表推导式也称列表生成式,为 Python 内置的语法,同时也是一种非常简单且功能强大的创建列表的方法。例如,在 Python 中,如果用户需要定义一个包含 1~100 之间所有自然数的列表,可以直接使用命令 list1=[1,2,3,4,…,99,100],此命令需要将 100 个元素依次列出,在实际执行中一般不采用。也可以使用命令 list1=list(range(1,101)),但这种方法只能创建 range 序列相关的列表,若要产生类似 $1^2,2^2,3^2$ 等列表,则只能使用以下循环结构。

```
list1=[]
for x in range(1, 101):
    list1.append(x * x)
list1
```

但如果使用列表推导式,则用一行语句可以实现,即:

```
List1=[x * x for x in range(1, 101)]
```

在 Python 中,列表推导式语法形式为:

[表达式 for 参数1　in 序列1　if 条件1　for 参数2 in 序列2 if 条件2...]

其中,前面的 for 循环作为外层循环嵌套后面的循环,但不建议使用三层以及三层以上的循环。if 子句对列表中的元素进行筛选,只在结果列表中保留符合条件的元素。

【例 5-18】　假设有一列表 list1=[[1, 2, 3], [4, 5, 6], [7, 8, 9]],利用列表推导式实现嵌套列表的平铺,即 list2=[1, 2, 3, 4, 5, 6, 7, 8, 9]。

程序代码如下：

```
list1=[[1, 2, 3], [4, 5, 6], [7, 8, 9]]
list2=[x for i in list1 for x in i ]
```

在这个列表推导式中有2个循环，其中第一个循环可以看作是外循环，依次遍历了列表list1的3个元素，其循环变量的值依次为3个列表[1, 2, 3]、[4, 5, 6]和[7, 8, 9]，而第二个循环可以看作是内循环，依次遍历了上述3个列表。上面代码的执行过程等价于以下程序：

```
list1=[[1, 2, 3], [4, 5, 6], [7, 8, 9]]
list2=[]
for i in list1:
    for j in i:
        list2.append(j)
list2
```

【例5-19】 利用列表推导式输出1~20之间的奇数列表。

```
[i for i in range(1,21) if i%2==1]
```

[运行结果]

```
[1, 3, 5, 7, 9, 11, 13, 15, 17, 19]
```

5.4 元组

元组是不可变序列类型，即元组生成后是固定的，其中的任意元素都不能被替换或删除。Python的元组与列表类似，不同之处在于元组的元素不能修改。元组使用小括号，列表使用方括号。元组创建很简单，只需要在括号中添加元素，并使用逗号隔开即可。

5.4.1 元组的基本操作

1)创建元组

元组使用圆括号“()”作为定界符，其元素可以是任意类型，各元素之间用逗号分开。没有任何元素的元组称为空元组，当元组中只包含一个元素时，必须在元素后加逗号，否则，括号将会被认为是一般的运算符号。

在Python中，也可以使用tuple()函数将一个序列或者可迭代对象直接转换为元组。

【例5-20】 元组的定义。

```
t0=()
t1=(1,)
t2=(1,"abc",[1,2,3],(1,2,3))
t3=tuple([1,2,3])
t4=tuple("abcd")
```

```
print(t0)
print(t1)
print(t2)
print(t3)
print(t4)
```

[运行结果]

```
()
(1,)
(1, 'abc', [1, 2, 3], (1, 2, 3))
(1, 2, 3)
('a', 'b', 'c', 'd')
```

2)删除元组

元组是不可变序列,其元素是不能修改的,所以不能将元组中的某个元素删除。但是,可以使用 del 命令将整个元组删除。

3)元组中元素的访问和遍历

和列表一样,元组支持通过索引实现对元素的访问。其访问方法和遍历方法类似,不再赘述。

4)元组中元素的修改

元组是不可变序列,不支持对元素的增加、删除等"写"操作。但是,如果元组的元素本身属于可变序列时,可以修改该可变序列的值。

【例 5-21】 元组中元素的修改。

```
t=(1,2,[1,2,3])              #定义元组,其中第三个元素为列表
print(t,id(t))
t[2][1]=11                   #此时直接执行 t[2]=11,则提示错误
print(t,id(t))
```

[运行结果]

```
(1, 2, [1, 2, 3]) 55874904
(1, 2, [1, 11, 3]) 55874904
```

5.4.2 元组和列表的转换

Python 的内部实现对元组做了大量优化,访问速度比列表更快。如果定义了一系列常量值,主要用途仅是对它们进行遍历或其他类似用途,而不需要对其元素进行任何修改,那么一般建议使用元组而不使用列表。

元组和列表都可以通过 list( )函数和 tuple( )函数实现相互转换。list( )函数接收一

个元组参数，返回一个包含同样元素的列表；tuple( )函数接收一个列表参数，返回一个包含同样元素的元组。从实现效果上看，tuple( )函数冻结列表，达到保护的目的，而list( )函数融化元组，达到修改的目的。

【例5-22】 列表和元组的转换。

```
tuple1=(123,'abc','python')
list1=list(tuple1)
list1.append(321)             #在列表末尾添加新的对象
list1[1]="hello"              #修改列表中的第二个元素
tuple1=tuple(list1)
print(tuple1)
```

[运行结果]

```
(123, 'hello', 'python', 321)
```

5.4.3 生成器推导式

生成器推导式的用法与列表推导式非常相似，在形式上生成器推导式使用圆括号作为定界符，而列表推导式所使用的是方括号。

生成器推导式与列表推导式最大的不同是，生成器推导式的结果是一个生成器对象。生成器对象类似于迭代器对象，具有惰性求值的特点，只在需要时生成新元素，比列表推导式具有更高的效率，空间占用非常少，尤其适合大数据处理的场合。

5.5 字典

在程序设计中，存储成对的数据是十分常见的需求。例如，如果想要统计一篇英文文章各个单词的出现次数时。在这种情况下，如果有一种数据结构，能够成对地存放单词和对应的次数，就会对完成单词次数统计的任务很有帮助。字典正是这样的数据类型，它是Python中内置的映射类型。映射是通过键值查找一组数据值信息的过程，由key-value的键值对组成，通过key可以找到其映射的值value。

字典是包含若干“键:值”元素的无序可变序列，字典中元素打印出来的顺序与创建时的顺序不一定相同，字典中的每个元素包含用冒号分隔开的“键”和“值”两部分，表示一种映射或对应关系，也称关联数组。

5.5.1 字典的基本操作

1)字典的创建

在Python中，创建字典的一般格式为：

字典名={[关键字1:值1[,关键字2:值2,……,关键字n:值n]]}

其中关键字与值之间用冒号“:”分隔,字典元素与元素之间用逗号“,”分隔,字典中的关键字必须是唯一的,而值可以不唯一,创建字典时若出现与“键”相同的情况,则后定义的“键-值”对将覆盖先定义的“键-值”对。当“关键字:值”对都省略时产生一个空字典。

字典中元素的“键”可以是Python中任意不可变数据,例如整数、实数、复数、字符串、元组等类型的可哈希数据,但不能使用列表、集合、字典或其他可变类型作为字典的“键”。也可以用dict( )函数创建字典。字典属于Python的无序序列,在输出字典时,元素的输出顺序和定义顺序有可能不一致。

【例5-23】 字典的创建。

```
dict1={}
dict2={"name":"zhangsan","num":"0001"}
dict3=dict()
dict4=dict(name="zhangsan",num="0001")
dict5=dict([("name","zhangsan"),("num","0001")])
dict6=dict((["name","zhangsan"],["num","0001"]))
key=("name","num")
value=("zhangsan","0001")
dict7=dict(zip(key,value))
print(dict1)
print(dict2)
print(dict3)
print(dict4)
print(dict5)
print(dict6)
print(dict7)
```

[运行结果]

```
{}
{'name': 'zhangsan', 'num': '0001'}
{}
{'name': 'zhangsan', 'num': '0001'}
{'name': 'zhangsan', 'num': '0001'}
{'name': 'zhangsan', 'num': '0001'}
{'name': 'zhangsan', 'num': '0001'}
```

此外,也可以使用fromkeys( )方法创建字典,其基本格式为:

字典名=dict.fromkeys(关键字序列[,值])

其中,值可以省略,省略时默认为None,如果填写,则字典中所有关键字的值为相同的值。

【例5-24】 使用fromkeys()方法创建字典。

```
k=["a","b","c"]
dict1=dict.fromkeys(k)
print(dict1)
dict2=dict.fromkeys(k,10)
print(dict2)
dict3=dict.fromkeys(k,[1,2,3])
print(dict3)
```

[运行结果]

```
{'a': None, 'b': None, 'c': None}
{'a': 10, 'b': 10, 'c': 10}
{'a': [1, 2, 3], 'b': [1, 2, 3], 'c': [1, 2, 3]}
```

2)字典元素的访问

字典中的每个元素表示一种映射关系或对应关系,根据提供的“键”作为下标就可以访问对应的“值”,如果字典中不存在这个“键”则会报告异常。

例如,若定义字典 dict1={"name":"zhangsan","num":"0001"}后,可以使用 dict1["name"]访问其值"zhangsan",dict1["num"]则输出"0001"。

3)字典的更新

字典和列表都是可变的,其大小是动态的,即不需要事先指定其容量大小,可以随时向字典中添加新的“键-值”对,或者修改现有键所关联的值。在字典中,添加和修改的方法相同,都是使用“字典变量名[键名]=键值”的形式,若该“键”存在,则表示修改该“键”对应的值;若该“键”不存在,则表示添加一个新的“键:值”对,也就是添加一个新元素。

使用字典对象的 update()方法可以将另一个字典的“键:值”一次性全部添加到当前字典对象,如果两个字典中存在相同的“键”,则以另一个字典中的“值”为准对当前字典进行更新。

【例5-25】 字典的更新。

```
dict1={"a":1,"b":2,"c":3}
print(dict1)
dict1["c"]=33
dict1["d"]=44
print(dict1)
dict1.update({"c":333,"d":444,"e":555})
print(dict1)
```

[运行结果]

```
{'a': 1, 'b': 2, 'c': 3}
{'a': 1, 'b': 2, 'c': 33, 'd': 44}
{'a': 1, 'b': 2, 'c': 333, 'd': 444, 'e': 555}
```

4) 字典元素的删除

如果需要删除字典中指定的元素,可以使用 del 命令,其基本命令如下:

del 字典名[关键字]

若关键字不存在,则返回异常。

如果要删除整个字典,直接使用命令"del 字典名"即可。

5.5.2 字典的常用方法

字典常用方法见表 5-11。

表 5-11 字典常用方法

方法名	功能描述
dict.keys( )	返回所有的键信息
dict.values( )	返回所有的值信息
dict.items( )	返回所有的键值对
dict.get(key,default)	键存在则返回相应值,否则返回默认值
dict.pop(key,default)	键存在则返回相应值,同时删除键值对,否则返回默认值
dict.popitem( )	随机从字典中取出一个键值对,以元组(key,value)的形式返回
dict.clear( )	删除所有的键值对
del dict[key]	删除字典中的某个键值对
dict.copy( )	复制字典
dict.update(dict2)	将一个字典中的值更新到另一个字典中

【例 5-26】 字典常用方法。

```
dict1={"a":1,"b":2,"c":3}
t1=dict1.keys()
t2=dict1.values()
t3=dict1.items()
k1=dict1.get("a")
k2=dict1.get("d",10)
```

```
print(t1,t2,t3)
print(k1,k2)
dict1.pop("b")
dict2=dict1.copy()
print(dict1)
dict1.clear()
print(dict1)
```

[运行结果]

```
dict_keys(['a', 'b', 'c']) dict_values([1, 2, 3]) dict_items([('a', 1), ('b', 2), ('c', 3)])
1 10
{'a': 1, 'c': 3}
{}
```

5.5.3 字典的遍历

字典属于无序序列,不能使用索引遍历字典,可以使用 dict.keys()、dict.values()、dict.items()方法分别遍历字典的关键字、字典的值和字典的元素。

1)遍历字典的关键字

【例 5-27】 使用关键字遍历字典。

```
dict1={"a":1,"b":2,"c":3}
for i in dict1.keys():
    print(i)
```

[运行结果]

```
a
b
c
```

如果直接遍历字典,则只能访问字典的关键字,因此,本例程序的 for 循环也可以直接写成“for i in dict1:”,运行结果同上。通过关键字遍历字典时,也可以通过遍历的关键字访问对应的值。

2)遍历字典的值

【例 5-28】 遍历字典的值。

```
dict1={"a":1,"b":2,"c":3}
for i in dict1.values():
    print(i)
```

[运行结果]

```
1
2
3
```

3)遍历字典的元素

【例 5-29】 遍历字典的元素。

```
dict1 = {"a":1,"b":2,"c":3}
for  i in dict1.items():
    print(i)
```

[运行结果]

```
('a', 1)
('b', 2)
('c', 3)
```

5.5.4 字典的嵌套

字典和列表一样,是 Python 中最常用的数据结构,在使用过程中,经常会出现嵌套使用的情况。

1)列表中嵌套字典

列表中的元素可以是任何数据类型,字典也可以作为列表的元素。例如,用户定义一个字典用来存储某一学生的基本信息,若要存储多个学生信息,则需要定义多个字典,此时,如果将所有描述学生信息的字典统一存放在一个列表中,就可以方便地实现对所有学生所有信息的管理。当列表中嵌套字典后,用户首先通过列表的索引访问其中的字典元素,然后通过字典关键字访问值。

【例 5-30】 在列表中嵌套字典。

```
stu = [{"name":"zhang","age":18},{"name":"li","age":19}]
for i in stu:  #循环变量 i 依次为列表中的元素(字典)
    print(i["name"],i["age"])
```

[运行结果]

```
zhang 18
li 19
```

2)字典中嵌套列表

字典的关键字必须是不可变序列,字典的值可以是任意数据类型,列表可以作为字典中某关键字的值。例如,用户定义一个字典存储学生信息,若学生信息中包含“成绩”关键字,而成绩往往是多门课程的成绩。此时,可以用列表作为“成绩”关键字的值,存储各科成绩。当在字典中嵌套列表时,列表不能出现在字典关键字的位置,只能出现在字典某关键字所对应的值的位置。此时,用户可以通过字典关键字访问该关键字对应的值,该值为列表,然后通过列表索引访问列表中的元素。

【例 5-31】 字典中嵌套列表。

```
stu={"name":"zhang","score":[80,90]}
print(stu["name"],stu["score"][0],stu["score"][1])
```

[运行结果]

```
zhang 80 90
```

3)字典中嵌套字典

和字典中嵌套列表一样,字典可以作为另外一个字典中某一关键字对应的值。例如,用户定义一个字典存储学生信息,若学生信息中包含“成绩”关键字,而成绩包含不同课程的不同成绩。此时,可以用字典作为“成绩”关键字的值,存储各科成绩。而在各科成绩中,课程名可以作为字典的键,成绩可以作为该门课程的值。此时,用户可以通过学生信息字典的“成绩”关键字访问学生的课程成绩,再通过“课程名”作为关键字访问某一门课程的成绩。

【例 5-32】 字典中嵌套字典。

```
stu={"name":"zhang","score":{"yw":80,"sx":90}}
print(stu["name"],stu["score"]["yw"],stu["score"]["sx"])
```

[运行结果]

```
zhang 80 90
```

5.6 集合

集合属于 Python 无序可变序列,使用一对大括号作为定界符,元素之间用逗号分隔,同一个集合内的每个元素都是唯一的,元素之间不允许重复。集合中只能包含数字、字符串、元组等不可变类型(或者说可哈希)的数据,而不能包含列表、字典、集合等可变类型的数据。

在 Python 中,创建集合有两种方式:一种是用一对大括号将多个用逗号分隔的数据括起来,另一种是使用 set()函数。

与列表、元组、字典等数据结构不同,创建空集合没有快捷方式,必须使用 set()函数。set()函数最多有一个参数,如果没有参数,则会创建一个空集合。如果有一个参数,那么参数必须是可迭代的类型,例如字符串或列表,可迭代对象的元素将生成集合的成员。

5.6.1 集合的运算

Python 中提供了用于集合运算的运算符号，支持类似数学中集合运算操作，常见集合运算符见表 5-12。

表 5-12 集合常用运算符

<table>
<tr><th>操作符</th><th>功能描述</th></tr>
<tr><td>S&T</td><td>交集，返回同时包含在集合 S 和 T 中的元素</td></tr>
<tr><td>S|T</td><td>并集，返回集合 S 和集合 T 中所有元素</td></tr>
<tr><td>S-T</td><td>差集，返回包含在集合 S 中，但不在集合 T 中的元素</td></tr>
<tr><td>S^T</td><td>步集，返回包含在集合 S 和 T 中的元素，但不包含集合 S 和 T 中共同的元素</td></tr>
<tr><td>S<=T</td><td>如果集合 S 和 T 相同，或者 S 是 T 的子集，返回 True，否则返回 False</td></tr>
<tr><td>S>=T</td><td>如果集合 S 和 T 相同，或者 S 是 T 的超集，返回 True，否则返回 False</td></tr>
</table>

【例 5-33】 集合常用运算。

```
s={1,3,5,7,9}
t={1,2,3,4,5}
print("s&t=",s&t)
print("s|t=",s|t)
print("s-t=",s-t)
print("s^t=",s^t)
print("s<=t",s<=t)
print("s>=t",s>=t)
```

[运行结果]

```
s&t={1, 3, 5}
s|t={1, 2, 3, 4, 5, 7, 9}
s-t={9, 7}
s^t={2, 4, 7, 9}
s<=t   False
s>=t   False
```

5.6.2 集合的常用方法

除了基本运算外，Python 提供了很多方法供用户使用，集合常用方法见表 5-13。

表 5-13　集合常用方法

方　法	描　述
S.copy()	复制集合
len(S)	返回集合 S 的元素个数
S.add(x)	在集合 S 中添加对象 x,自动去重
S.update(T)	使用集合 T 更新集合 S,自动去重
S.pop()	随机集合 S 中的一个元素,并在集合中删除该元素
S.remove(x)	从集合 S 中删除 x,若 x 不存在,则引发 KeyError 错误
S.discard(x)	如果 x 是 S 的成员,则删除 x。x 不存在,不出现错误
S.clear()	删除集合 S 中所有元素
S.isdisjoint(T)	判断集合中是否存在相同元素。如果集合 S 和 T 没有相同元素,则返回 Ture
S.issubset(T)	如果集合 S 是 T 的子集,则返回 True,否则返回 False

【例 5-34】　集合的常用方法。

```
s={1,3,5,7,9}
t=s.copy()
print(s,t)
s.add(10)
print(s)
s.update({2,4,6,8,10})
print(s)
s.pop()
print(s)
s.remove(5)
print(s)
s.discard(15)
print(s)
s.clear()
print(s)
```

[运行结果]

```
{1, 3, 5, 7, 9} {1, 3, 5, 7, 9}
{1, 3, 5, 7, 9, 10}
```

```
{1, 2, 3, 4, 5, 6, 7, 8, 9, 10}
{2, 3, 4, 5, 6, 7, 8, 9, 10}
{2, 3, 4, 6, 7, 8, 9, 10}
{2, 3, 4, 6, 7, 8, 9, 10}
set()
```

5.7 可变序列的 copy

在 Python 中，变量的管理是基于“值”的管理，变量名只是其一个引用，如果将一个指向可变序列的变量直接赋值给另外一个变量时，两个变量同时指向该可变序列，此时，无论通过任何一个引用操作序列，其序列值均发生变化。

【例 5-35】 可变序列的赋值。

```
list1=[1,2,["a","b"]]
list2=list1
print(id(list1),list1,id(list2),list2)
list1[0]=11
list2[2][0]="aa"
print(id(list1),list1,id(list2),list2)
```

[运行结果]

```
81991816 [1, 2, ['a', 'b']] 81991816 [1, 2, ['a', 'b']]
81991816 [11, 2, ['aa', 'b']] 81991816 [11, 2, ['aa', 'b']]
```

从本例可以看出，利用赋值符号“=”直接将一个列表 list1 赋值给列表 list2 后，其 id 为同一值。如果需要对序列产生一个副本，则需通过 copy( )方法来实现。copy( )方法来自 copy 模块，使用时可通过命令“import copy”将其导入。

【例 5-36】 序列的浅复制。

```
import copy
list1=[1,2,["a","b"]]
list2=copy.copy(list1)
print(id(list1),list1,id(list2),list2)
list1[0]=11
list2[1]=22
list1[2][0]="aa"
list2[2][1]="bb"
print(id(list1),list1,id(list2),list2)
```

[运行结果]

```
81366600 [1, 2, ['a', 'b']] 72933448 [1, 2, ['a', 'b']]
81366600 [11, 2, ['aa', 'bb']] 72933448 [1, 22, ['aa', 'bb']]
```

从本例可以看出,利用 copy( )方法将列表 list1 创建副本 list2 后,其 id 值不同,即 list1 和 list2 为两个不同的列表。此时,修改 list1 中普通元素后,list2 不发生变化,修改 list2 中普通元素后,list1 也不发生变化。但是修改 list1 或者 list2 中的第三个元素时,两个列表中的元素均会发生改变。因此在 Python 中,当可变序列中的元素是可变序列时,copy( )方法只能对第一层序列产生副本,对其子序列,则仍然为共同引用,因此也称为浅复制。此时,如果需要对序列的子序列产生副本,则需通过 deepcopy( )方法来实现,也称为深复制。deepcopy( )方法来自 copy 模块,使用时可以通过命令"import copy"将其导入。

【例 5-37】 序列的深复制。

```
import copy
list1=[1,2,["a","b"]]
list2=copy.deepcopy(list1)
list1[2][0]="aa"
list2[2][1]="bb"
print(id(list1),list1,id(list2),list2)
```

[运行结果]

```
81991432 [1, 2, ['aa', 'b']] 81990216 [1, 2, ['a', 'bb']]
```

5.8 典型案例

5.8.1 斐波拉契数列

【例 5-38】 输出斐波拉契数列前 20 项。

分析:斐波拉契数列是指数列第一项和第二项为 1,从第三项开始,每一项的值为其前两项的和。类似数列有一共同特征是,某一元素的值和其位置或顺序有关。此类数列可以利用循环结构依次往列表添加元素即可创建。类似的还有杨辉三角等。

```
list1=[1,1]                           #定义初始列表,存储斐波拉契数列前两项
for i in range(2,20):
    list1.append(list1[i-1]+list1[i-2])

for i in range(len(list1)):           #遍历列表,进行格式化输出
    if i%5==0:                        #每行输出 5 个
        print()
```

```
print("%10d "%list1[i],end="\t")
```

[运行结果]

```
    1       1       2       3       5
    8      13      21      34      55
   89     144     233     377     610
  987    1597    2584    4181    6765
```

5.8.2 二分法查找

【例5-39】 随机生成10个两位的整数，采用二分法查找指定数据。

分析：二分法查找必须基于有序的序列，在查找过程中（假设待查序列为升序排列），先比较中间位置的数据是否为待查数据，如果是，则返回查找结果，查找结束；如果待查数据小于中间位置数据，则修改中间位置为结束位置，继续按照二分法在序列前半部分查找；如果待查数据大于中间数据，则修改中间位置为起始位置，继续按照二分法在序列后半部分继续查找；当起始位置大于结束位置时，查找结束，返回查找失败信息。

```
from random import randint
list1=[randint(10,100) for i in range(10)]   #利用列表推导式，生产10个随机整数
list1.sort()                                  #原始序列升序排列
tuple1=tuple(list1)                           #转换为元组提高效率
print("原始数据为:",tuple1)
s=0
e=len(tuple1)-1
n=int(input("请输入要查找的数:"))
while s<=e:                                   #当起始位置超过终止位置时，查找结束
    m=(s+e)//2                                #计算中间位置
    if n==tuple1[m]:                          #如果中间位置的值为待查值时，查找成功，返回位置
        print("%d 在序列的第%d 位"%(n,m+1))
        break
    elif n > tuple1[m]:                       #在原始序列后半段查找
        s=m+1
    elif n < tuple1[m]:                       #在原始序列前半段查找
        e=m-1
else:
```

```
    print("%d 不在原始数据中"%n)
```

[运行结果]

```
查找成功的情况:
原始数据为:(13, 35, 35, 38, 43, 44, 46, 58, 62, 78)
请输入要查找的数:62
62 在序列的第 9 位
查找失败的情况:
原始数据为:(17, 29, 43, 47, 55, 65, 71, 72, 78, 85)
请输入要查找的数:60
60 不在原始数据中
```

5.8.3 列表中筛选元素

【例 5-40】 随机产生 20 个 100 以内的整数,删除其中的偶数。

分析:在列表中进行元素筛选删除时,后面的元素会自动前移,可能导致筛选不完全,因此,对于列表的筛选一般采取从后面删除或者重新构建列表的方法完成。

```
from random import randint
list1=[randint(10,100) for i in range(20)]
print("原始数据列表为:\n",list1)
n=len(list1)
for i in range(n-1,-1,-1):                    #从列表尾部开始扫描
    if list1[i]%2==0:
        del list1[i]
print("筛选以后的列表为:\n",list1)
```

[运行结果]

```
原始数据列表为:
[28, 98, 10, 56, 96, 26, 24, 93, 73, 83, 86, 88, 67, 19, 99, 77, 70, 25, 32, 36]
筛选以后的列表为:
[93, 73, 83, 67, 19, 99, 77, 25]
```

对于上述问题,也可以采用重新构建列表的方法完成,即扫描原始列表,将满足条件或者不满足条件的元素添加到新的列表。以上代码可以改写为:

```
from random import randint
list1=[randint(10,100) for i in range(20)]
print("原始数据列表为:\n",list1)
list2=[]                                       #定义新的列表
```

```
for i in list1:                          #遍历原始列表
    if i%2==1:                           #选择奇数元素,添加到新列表
        list2.append(i)
print("筛选以后的列表为:\n",list2)       #输出新列表
```

5.8.4　学生信息管理

【例 5-41】　编写程序,输入学生学号,如果学号存在,则输出学生姓名和各科成绩,如果学号不存在,则输出提示信息。

分析:可以使用字典的嵌套存储学生信息,使用字典嵌套访问的方式输出待查信息。

```
#定义学生信息字典
stu={
    "0001":{
        "xm":"zhang",
        "cj":{
            "yw":90,
            "sx":80
        }
    },
    "0002":{
        "xm":"li",
        "cj":{
            "yw":85,
            "sx":90
        }
    },
    "0003":{
        "xm":"wang",
        "cj":{
            "yw":95,
            "sx":80
        }
    }
}

print("欢迎使用本系统!")
while True:      #使用永真循环实现反复查询
    xh=input("请输入学号:")
```

```
        if xh.upper()=="Q":
            break
        if xh not in stu.keys():
            print("您输入的学号有误,请重新输入或按“Q”退出:")
            continue
        else:
            print("学生成绩信息如下:")
            print("学号:%s\t 姓名:%s "%(xh,stu[xh]["xm"]))
            print("语文:%d \t 数学:%d "%(stu[xh]["cj"]["yw"],stu[xh]["cj"]["
sx"]))
        flag=input("是否继续查询? 按“Y”继续查询,按其他键退出系统:")
        if flag.upper()=="Y":
            continue
        else:
            break
    print("感谢您使用本系统! ")
```

[运行结果]

```
欢迎使用本系统!
请输入学号:0001
学生成绩信息如下:
学号:0001   姓名:zhang
语文:90   数学:80
是否继续查询? 按“Y”继续查询,按其他键退出系统:y
请输入学号:0004
您输入的学号有误,请重新输入或按“Q”退出:
请输入学号:0003
学生成绩信息如下:
学号:0003   姓名:wang
语文:95   数学:80
是否继续查询? 按“Y”继续查询,按其他键退出系统:n
感谢您使用本系统!
```

5.8.5 词频统计

【例 5-42】 给定一段英文文章,统计单词出现次数。

分析:在统计英文单词词频时,首先需将每个单词进行拆分,放入原始序列,然后利用集合去重后放入单词序列,以单词序列作为字典关键字,其对应值为单词出现次数。扫描原始序列,修改字典中对应单词的个数(加 1)。

```
                                #定义原始字符串

s="jingle bells,jingle bells,jingle all the way! \
jingle bells,jingle bells,jingle all the way! \
Oh what fun it is to ride in a one-horse open sleigh."
for ch in ",!.":
    s=s.replace(ch," ")         #将原始字符串中涉及的标点用空格替换
s=s.split()                     #利用空格分割为单词
s1=set(s)                       #利用集合对原始单词进行去重
s1=list(s1)                     #将集合转换为列表
dict1=dict.fromkeys(s1,0)       #利用去重后的列表初始化字典,每个单词次数为 0

for i in s:                     #遍历原始单词列表
    dict1[i]+=1
for w,n in dict1.items():       #遍历字典,输出结果
    print("%s:%d "%(w,n))
```

[运行结果]

```
one-horse:1
the:2
all:2
fun:1
is:1
bells:4
ride:1
Oh:1
a:1
open:1
sleigh:1
what:1
to:1
it:1
way:2
jingle:6
in:1
```

第6章　函　数

函数是指一段能够被其他程序直接调用的代码或者程序。在程序设计过程中,程序员通常将被经常调用的功能模块编写成函数,以减少重复编写程序段的工作量。本章主要介绍了在 Python 中函数的定义和调用方法,函数参数、变量的作用域以及匿名函数。

6.1　函数的定义和调用

在 Python 中,函数定义的基本格式如下:

```
def 函数名([形参列表]):
  """函数的说明语句"""
函数体语句
  return [函数返回值表达式]
```

其中,def 为定义函数的关键字,函数名必须满足 Python 标识符的命名规则。形式参数列表可以按需填写,形式参数之间用逗号分开,如果函数没有参数,形式参数可以不写,但函数名后面的括号必须保留。函数体从冒号开始,一般函数体的第一行会用三引号对该概述进行使用;函数体语句和关键字 def 必须有相应的缩进;如果函数不需要返回值,则 return 语句省略,系统默认返回 None。

用户自定义函数的调用方法和系统函数调用的方法一致,其基本格式如下:

函数名([实参列表])

【例 6-1】　自定义函数,计算矩形的面积。

```
#自定义函数
def mj(a,b):
    """该函数用于计算矩形面积,a 和 b 分别表示矩形边长"""
    s=a*b
    print("矩形的面积为:%d "%s)
#主程序
x = int(input("请输入矩形的长:"))
y = int(input("请输入矩形的宽:"))
s = mj(x,y)
```

[运行结果]

```
请输入矩形的长:3
请输入矩形的宽:4
矩形的面积为:12
```

函数可以作为语句直接调用,也可以出现在其他表达式中,或者作为其他函数的参数。此时,函数必须有指定类型的返回值,否则可能会造成程序出错。以上函数功能也可以按照下列方法定义和调用:

```
#自定义函数
def mj(a,b):
    """该函数用于计算矩形面积,a 和 b 分别表示矩形边长"""
    s=a * b
    return s
#主程序
x = int(input("请输入矩形的长:"))
y = int(input("请输入矩形的宽:"))
s = mj(x,y)      #调用函数计算面积
print("矩形的面积为:%d "%s)
```

运行结果同上。

Python 支持函数的嵌套定义,即在定义函数时,在函数体语句中定义了另外一个函数。虽然函数的嵌套定义使用很方便,但会严重影响函数的执行效率,因此,不提倡频繁使用。

Python 支持函数的嵌套调用,即在函数调用时,出现其他函数的调用,当函数调用其本身时,称为函数的递归调用,递归是常用的编程方法,适用于能把一个大型复杂的问题逐层转化为一个与原问题性质相似,但规模较小的问题来求解的场景。

【例 6-2】 计算 n 的阶乘。

```
def f(n):
    if n == 1:              #设置递归函数出口,当 n 值为 1 时,1! =1
        return 1
    else:
        return f(n-1) * n   #当 n 不为 1 时,n! =n * (n-1)!

n = int(input("请输入一个整数"))
f(n)
```

[运行结果]

```
请输入一个整数:5
120
```

6.2　函数参数的类型

在 Python 中,函数的形参只能是变量,只有函数被调用时才分配内存单元,调用结束时释放所分配的内存单元。调用函数时由实参向形参传递数据,根据不同的参数类型,将

实参的引用传递给形参,实参可以是常量、变量、表达式,在实施函数调用时,实参必须有确定的值。定义函数时不需要声明参数类型,解释器会根据实参的类型自动推断形参类型,在一定程度上类似于函数重载和泛型函数的功能。

函数的实参和形参在值传递过程中,只能由实参将值传给形参,形参将值回传给实参。

【例 6-3】 函数参数的传递。

```
def f(a):
    print("形参的初始状态:",a,id(a))
    a = 5
    print("形参被修改后状态:",a,id(a))

x = 3
print("自定义函数调用前:",x,id(x))
f(x)
print("自定义函数调用后:",x,id(x))
```

[运行结果]

```
自定义函数调用前:  3 1487329536
形参的初始状态:    3 1487329536
形参被修改后状态:  5 1487329568
自定义函数调用后:  3 1487329536
```

通过上例可以看出,函数的实参和形参在传值过程中,其实质是形参和实参同时指向同一个引用,当自定义函数中形参的值发生变化时,形参会指向另外一个对象的引用,但实参仍然指向原始对象。

在 Python 中,若将一个可变对象(例如列表和字典)作为实参传值给形参时,由于对象的浅拷贝,在自定义函数中,形参值发生变化,会导致实参的值也发生变化。

【例 6-4】 可变对象作为函数的参数。

```
def f(a):
    print("形参的初始状态:",a,id(a))
    a[1] = 5
    print("形参被修改后状态:",a,id(a))

x = [1,2,3]
print("自定义函数调用前:",x,id(x))
f(x)
print("自定义函数调用后:",x,id(x))
```

[运行结果]

```
自定义函数调用前： [1, 2, 3] 58480760
形参的初始状态：   [1, 2, 3] 58480760
形参被修改后状态： [1, 5, 3] 58480760
自定义函数调用后： [1, 5, 3] 58480760
```

6.2.1 位置参数

位置参数是函数定义时最常见的参数类型,函数调用时的参数通常都采用按位置匹配的方式,即实参按顺序传递给相应位置的形参。因此,位置参数的个数不要求形参和实参名称一致,但要求实参和形参的个数必须一致,不然会出现语法错误。

【例 6-5】 位置参数。

```
def f(x,y):
    print("形参 x 的值为:",x)
    print("形参 y 的值为:",y)


f(3,5)
```

程序运行时,将第一个实参的值 3 对应传给形参 x,将第二个实参的值 5 对应传给形参 y。

[运行结果]

```
形参 x 的值为: 3
形参 y 的值为: 5
```

若将函数调用语句改为:

f(3)

再执行程序时,将会提示如下错误:

TypeError: f() missing 1 required positional argument: 'y'

6.2.2 关键字参数

关键字参数是指函数调用时,实参通过关键字将参数的值传给形参,并不是按照对应位置进行传值。因此,在函数定义和调用时,实参的名称和形参的名称必须一致,但顺序可以不一致。

关键字参数的一般调用格式为:函数名(关键字参数 1 = 值 1,关键字参数 2 =值 2,……)

【例 6-6】 关键字参数。

```
def f(x,y):
    print("形参 x 的值为:",x)
    print("形参 y 的值为:",y)


f(y=3,x=5)
```

[运行结果]

```
形参 x 的值为: 5
形参 y 的值为: 3
```

6.2.3 默认值参数

默认值参数是指在函数定义时,可以预先给形参赋值,当函数被调用时,如果实参的数量可以匹配形参的数量,则形参的默认值自动被实参覆盖,如果形参对应位置没有实参传入参数时,自动按照默认值计算。

【例 6-7】 默认值参数。

```
def f(x,y=10):
    print("形参 x 的值为:",x)
    print("形参 y 的值为:",y)

f(3,5)
```

[运行结果]

```
形参 x 的值为: 3
形参 y 的值为: 5
```

如果将上述函数调用语句改为:

```
f(3)
```

[运行结果]

```
形参 x 的值为: 3
形参 y 的值为: 10
```

由于实参只有一个,按照对应位置传给形参 x,形参 y 没有实参传入,则取默认值 10。

需要注意的是,由于带默认值的参数也是按照位置匹配的,因此,默认值参数只能出现在形参列表的最右侧,否则将会出现语法错误。

6.2.4 可变长度参数

可变长度参数是指在函数调用时,由于函数的实参个数无法确定,导致在定义函数时,形参个数无法确定,此时,只能使用可变长度参数。在 Python 中,可变长度参数有两种形式,即元组可变长度参数和字典可变长度参数。

1)元组可变长度参数

元组可变长度参数其实质是多个位置参数,其一般定义形式为:

def 函数名([其他参数列表], * 元组可变长度参数列表)

函数被调用时,会将接受的多个实参按照位置参数的要求存放在一个元组中,然后传给形参。

【例 6-8】 元组可变长度参数。

```
def f(a,b, *c):  #定义形参 a 和 b 为位置参数,c 为不定长参数
    print(a,b,c)
f(1,2,3,4,5,6)
```

函数调用时,将第一个实参和第二个实参的值 1 和 2 分别按照位置参数传给形参 a 和 b,其余的实参没有对应的位置接收参数,只有打包成一个元组传个不定长形参 c。

[运行结果]

```
1 2 (3, 4, 5, 6)
```

2) 字典可变长度参数

字典可变长度参数其实质是多个关键字参数,其一般定义形式为:

def 函数名([其他参数列表], * *元组可变长度参数列表)

函数被调用时,会将接受的多个实参按照关键字参数的要求存放在一个字典中,然后传给形参。

【例 6-9】 字典可变长度参数。

```
def f(a,b, * *c):  #定义位置 a 和 b,不定长度形参 c 接收关键字参数形式传值
    print(a,b,c)
f(1,b=2,c=3,d=4)
```

函数调用时,第一个实参 1 的值将会按照位置参数,第二个实参将会以关键字参数形式传给形参 b,第三个和第四个实参将会以关键字参数并打包成字典传给不定长度形参 c。

[运行结果]

```
1 2 {'c': 3, 'd': 4}
```

多种不同类型的参数可以混合使用,但必须满足位置参数、默认值参数、元组不定长度参数、字典不定长度参数,且在调用时,一般不使用关键字参数。由于混合使用会降低程序的可读性,容易造成程序出错,因此若无特殊需求,不建议使用。

【例 6-10】 不同类型的参数应用。

```
def f(a, b, c=10, *d, * *e):
    print(a,b,c,d,e)
f(1,2,3,4,5,6,x=7,y=8,z=9)
```

[运行结果]

```
1 2 3 (4, 5, 6) {'x': 7, 'y': 8, 'z': 9}
```

若将上例程序调用,在第一至第六个实参的任意位置使用关键字参数时,将显示语法错误。

6.3 变量的作用域

一个完整的程序由多个模块构成,这些模块可以是程序的控制模块,也可以是函数。程序规模越大,程序的模块数量就越多,模块和模块之间尽量满足“高内聚,低耦合”的要求,即模块内部数据之间的关系尽量紧密,模块和模块之间的数据关系尽量简单,因此,设计程序时,既要考虑模块中数据的独立性,也要考虑模块和模块之间数据的共享性。如果一个数据只能在模块内部使用,则称为私有数据,其作用域范围只限于数据定义的模块,反之,如果一个数据可以在多个模块共同使用,则称为公共数据,其作用域范围若不加限定的话可以是整个程序。

变量起作用的代码范围称为变量的作用域,不同作用域内变量名可以相同,互不影响。

在 Python 中,函数或者模块内部定义的普通变量只在函数或模块内部起作用,称为局部变量。当函数执行结束后,局部变量自动删除,不再使用。在函数或者模块外部定义的变量称为全局变量,不管是全局变量还是局部变量,其作用域都是从定义位置开始。局部变量的引用比全局变量速度快,应优先考虑使用。

例如,有下列程序段:

```
def f1(x1,y1):
    m1=10
    n1=100
def f2(x2,y2):
    m2=5
    n2=8

a=1
b=2
f1(a,b)
f2(a,b)
```

在自定义函数 f1 中,形参 x1、y1 和函数语句中定义的变量 m1、n1 都属于局部变量,其作用域范围是自定义函数 f1 内部,在自定义函数 f2 和主程序中均不能使用。在自定义函数 f2 中,形参 x2、y2 和函数语句中定义的变量 m2、n2 都属于局部变量,其作用域范围是自定义函数 f2 内部,在自定义函数 f1 和主程序中均不能使用。在主程序中定义的变量 a 和 b 属于局部变量,其作用域范围是整个程序文件。相对于自定义函数 f1 和 f2,变量 a 和 b 的定义在函数模块外部定义,因此,变量 a 和 b 属于全局变量,在自定义函数 f1 和 f2 中均可直接访问。

需要注意的是,当同一模块中出现同名全局变量和局部变量时,局部变量会屏蔽全局变量。

【例 6-11】　变量的作用域。

```
#自定义函数 f
def f():
    # print(a,b)        若在此处访问变量 a 则会出现语法错误
    a=10
    print(a,b)
a=1
b=2
print(a,b)
f()
print(a,b)
```

在主函数中定义变量 a、b,在自定义函数 f 中可以作为全局变量直接访问,但在自定义函数 f 中,变量 a 被重新定义为局部变量自动屏蔽了全局变量 a,则全局变量 a 在自定义函数 f 中将不能使用,因此,在自定义函数中输出局部变量 a 的值为 10,全局变量 b 的值则为 2。在主函数中,自定义函数中的局部变量 a 无法访问,则只能输出全局变量 a 和 b 的值。

[运行结果]

```
1 2
10 2
1 2
```

在 Python 中,如果想在子模块中改变全局变量的值,则需要在子模块中使用关键字 global 声明,并且在声明之前,改全局变量仍无法使用。

【例 6-12】　全局变量的声明。

```
def f():
    # print(a,b)        若在此处访问变量 a 则会出现语法错误
    global a
    print(a,b)
    a=10
    print(a,b)
a=1
b=2
print(a,b)
f()
print(a,b)
```

[运行结果]

```
1 2
1 2
10 2
10 2
```

6.4 匿名函数

6.4.1 匿名函数的定义

在 Python 中,可以用 lambda 表达式来声明匿名函数,也就是不需要函数名称、临时使用的小函数,lambda 表达式只可以包含一个表达式,该表达式的计算结果可以看作是函数的返回值,不允许包含复合语句,但在表达式中可以调用其他函数。其基本结构为:

lambda [参数列表]:表达式

或者

函数名= lambda [参数列表]:表达式

关键字 lambda 表示匿名函数,冒号前面是函数参数,可以有多个函数参数,但只有一个返回值,所以只能有一个表达式,返回值就是该表达式的结果。匿名函数不能包含语句或多个表达式,不用写 return 语句。

6.4.2 匿名函数的调用

匿名函数也是一个函数对象,而且是一个带有返回值的对象,因此,在调用时,可以直接用匿名函数给变量赋值,使用变量的过程就调用了匿名函数。

【例 6-13】 利用变量调用匿名函数。

```
a = lambda x,y:x+y
a(1,2)
```

[运行结果]

```
3
```

匿名函数在调用过程中,也可以使用默认值参数和关键字参数。

【例 6-14】 匿名函数调用时,使用默认参数和关键字参数。

```
f = lambda a,b,c=3:a+b+c
print(f(10,20,30))         #位置参数
print(f(10,20))            #c 为默认值参数
print(f(b=3,a=1,c=5))  #关键字参数
print(f(b=3,a=1))          # a 和 b 为关键字参数,c 为默认值参数
```

[运行结果]

```
60
33
9
7
```

在 Python 中,匿名函数也可作为其他对象的元素。例如作为函数的参数或者返回值、列表的元素、字典的元素等。

【例 6-15】 匿名函数作为函数的返回值。

```
def f():
    return lambda x,y:x+y
a=f()    #此时变量 a 接受了函数 f 的地址,而不是变量的地址
print(a(1,2))
```

[运行结果]

```
3
```

【例 6-16】 匿名函数作为函数的参数。

```
list1 = [1,2,3,4]
list(map(lambda x:str(x),list1))
```

[运行结果]

```
['1','2','3','4']
```

通常会利用 lambda 表达式在列表的 sort()方法中指定排序规则。

【例 6-17】 匿名函数作为列表和字典的元素。

```
list1 = [(lambda x:x+1),(lambda x:x+2)]
dict1 = {"a":lambda x:x+10,"b":lambda x:x+20}
print(list1[0](1),list1[1](2))
print(dict1["a"](1),dict1["b"](2))
```

[运行结果]

```
2 4
11 22
```

第7章　面向对象程序设计

Python是一种解释型、面向对象、动态数据类型的高级程序设计语言,完全支持面向对象的基本功能。本章将介绍Python面向对象程序设计的基本概念和应用,包括类的定义、成员属性和成员方法、继承和特殊方法等。

7.1　面向对象的几个概念

面向对象程序设计(Object-oriented programming, OOP)是目前比较流行的程序设计方法。在面向对象程序设计中,数据和对数据的操作可以封装在一个独立的数据结构中,这个数据结构就是对象,对象之间通过消息传递来进行相互作用。面向对象程序设计推广了程序的灵活性和可维护性,并且在大型项目设计中广为应用。

要使用Python进行面向对象编程,首先需要对以下基本概念有所了解。

1)对象

数据封装形成的实体就是对象。对象是类的实例化。在现实生活中一个实体就是一个对象,如一个人、一个气球、一台计算机等都是对象。概括来说就是万物皆对象。对象的状态和特征用数据表示出来就是属性;对象的操作通过程序代码来实现就是方法。在面向对象的程序设计中,对象是系统中的基本运行实体,是数据和对数据操作的集合。

2)类

类是对象的模板,是对一类具有共同特征和相同操作的事物的抽象。类的内部封装了属性和方法,用于操作自身的成员。类的属性,是对象状态的抽象,可以用数据结构来描述;类的操作是对象行为的抽象,可以用方法来描述。类包含有关对象行为方式的信息,包括它的名称、属性、方法和事件等。类的实质是一种引用数据类型,类似于byte、short、int(char)、long、float、double等基本数据类型,不同的是它是一种复杂的数据类型。因为它的本质是数据类型,而不是数据,所以不存在于内存中,不能被直接操作,只有被实例化为对象时,才会变得可操作。

3)封装

封装,即隐藏对象的属性和实现细节,仅对外公开接口,控制着程序中属性的读和写的访问级别;将抽象得到的数据和行为相结合,形成一个有机的整体,也就是将数据与操作数据的源代码进行有机结合,形成"类",其中数据和函数都是类的成员。

4)继承

继承是面向对象技术中的一个概念。继承就是子类继承父类的特征和行为,使得子类对象(实例)具有父类的属性和方法,或子类从父类继承方法,使得子类具有父类相同的行为。这种技术使得复用以前的代码非常容易，能够缩短开发周期，降低开发费用。

5）多态

多态是指一个相同名称的方法产生不同的动作行为，即不同对象收到相同的消息时产生了不同的行为。多态机制使具有不同内部结构的对象可以共享相同的外部接口，通过这种方式减少代码的复杂度。

在 Python 程序设计中，所有编程都围绕类展开，通过定义类来构建程序要完成的功能，并通过类创建所需的对象，体现了面向对象的编程理念。

7.2 类和对象

类是面向对象程序设计思想的基础，可以通过类创建对象。类中可以定义对象的属性（特征）和方法（行为）。

7.2.1 类的定义

在 Python 中，可以通过 class 语句来定义一个类。其基本语法如下：

```
class 类名：
    类体
```

定义一个类时，以关键字 class 开始，后跟类名和冒号。类名遵循标识符命名规则，其首字母通常采用大写形式。类体用于定义类的细节，向右缩进对齐。

【例 7-1】 定义一个类 Cat，代码如下：

```
class Cat：
    color=“白色”
    def eat(self)：
        print(“我是猫，我要吃鱼”)
```

在上述代码中，定义了一个名称为 Cat 的类，类中有一个 color 属性和一个 eat( ) 成员方法。在类体中，方法和函数的格式是一样的，主要区别在于，方法必须声明一个 self 参数，且必须位于参数列表的开头。

7.2.2 创建对象

类是对象的模板，对象是类的实例。定义类之后，就可以通过类来实例化对象。在 Python 中，创建对象的语法格式如下：

```
对象名 = 类名(参数列表)
```

创建对象之后，该对象就拥有类中定义的所有属性和方法，此时可以通过对象名和圆点运算符来访问这些属性和方法，其语法格式如下：

```
对象名.属性
对象名.方法(参数列表)
```

【例 7-2】 为前面定义的 Cat 类创建一个对象 cat,并访问类中的属性和方法。

```
class Cat:
    color="白色"                        # 描述该类的颜色特征
    def eat(self):                      # 定义该类的行为
        print("我是猫,我要吃鱼")
cat = Cat()                             # 创建一个对象,并用 cat 保存它的引用
cat.eat()                               # 调用 eat()方法
print("猫的颜色为:",cat.color)          # 访问 color 属性
```

[运行结果]

```
我是猫,我要吃鱼
猫的颜色为:白色
```

7.2.3 构造方法

构造方法是 Python 类中的一个特殊方法,固定名称为__init__(),以两个下画线开头,以两个下画线结尾。当创建类的对象时,系统会自动调用构造方法,从而实现对对象进行初始化的操作。

【例 7-3】 使用构造方法。

```
class Cat:
    def __init__(self):                 # 构造方法,固定名称为__init__()
        self.name="小白"
    def say(self):                      # 自定义方法,名称为 say()
        print("我的名字叫"+self.name)
cat=Cat()
cat.say()
```

在上述代码中,实现了构造方法__init__(),给 Cat 类添加了 name 属性并赋了初值,在 say()方法中访问了 name 属性的值。

[运行结果]

```
我的名字叫小白
```

在例 7-3 中,无论创建多少个 Cat 对象,name 属性的值都是默认值,如果想要实例化对象时传入不同的值,可以在构造方法中设置形式参数。

【例 7-4】 使用带参数构造方法。

```
class Cat:
    def __init__(self, value):          # 带参数的构造方法
        self.name=value
    def say(self):                      # 自定义方法,名称为 say()
```

```
        print("我的名字叫"+self.name)
cat1=Cat("小白")
cat1.say()
cat2=Cat("小黑")
cat2.say()
```

在上述代码中,定义了1个带参数的构造方法,创建对象时,可以为不同对象传入不同的参数值。

[运行结果]

```
我的名字叫小白
我的名字叫小黑
```

在Python中,一个类只能有一个构造方法存在。定义多个构造方法时,实例化类只实例化最后的构造方法,即后面的构造方法会覆盖前面的构造方法,并且根据最后一个构造方法的形式进行实例化。

【例7-5】　带value参数的构造方法在后。

```
class Cat:
    def __init__(self):
        self.name="小黄"
    def __init__(self, value):      # 带参数的构造方法
        self.name=value

    def say(self):                  # 自定义方法,名称为 say()
        print("我的名字叫"+self.name)
cat1=Cat("小白")
cat1.say()
cat2=Cat("小黑")
cat2.say()
```

[运行结果]

```
我的名字叫小白
我的名字叫小黑
```

Cat类通过构造方法实例化对象时,调用的方法是最后一个构造方法__init__(self, value),通过传进不同的字符串值创建了不同的对象。

【例7-6】　带value参数的构造方法在前。

```
class Cat:
    def __init__(self, value):      # 带参数的构造方法
        self.name=value
    def __init__(self):
```

```
        self.name="小黄"
    def say(self):                        # 自定义方法,名称为 say()
        print("我的名字叫"+self.name)
cat1=Cat("小白")
cat1.say()
cat2=Cat("小黑")
cat2.say()
```

运行结果如图 7-1 所示。

```
---------------------------------------------------------------------------
TypeError                                 Traceback (most recent call last)
<ipython-input-4-267a89fccc4d> in <module>
      6     def say(self) :                            # 自定义方法，名称为 say( )
      7         print("我的名字叫"+self.name)
----> 8 cat1=Cat("小白")
      9 cat1.say()
     10 cat2=Cat("小黑")

TypeError: __init__() takes 1 positional argument but 2 were given
```

图 7-1　带 value 参数的构造方法示例

Cat 类通过构造方法实例化对象时,调用的方法是最后一个构造方法__init__(self),在创建对象 cat1 时构造方法接收到了 2 个参数(一个是 self 参数,另一个是字符串),不匹配,所以报错。

Python 中构造方法不支持重载。建议一个类中只定义一个构造函数。

7.2.4　析构方法

析构方法也是 Python 类中的一个特殊方法,固定名称为__del__(),以两个下画线开头,以两个下画线结尾。析构方法是在对象被删除之前自动调用的,不需要在程序中显示调用。析构方法支持重载,可以通过该方法执行一些释放资源的操作。

【例 7-7】　析构方法示例。

```
class Cat:
    def __init__(self):          # 构造方法,固定名称为__init__()
        self.name="小白"
    def say(self):               # 自定义方法,名称为 say()
        print("我的名字叫"+self.name)
    def __del__(self):
        print("析构方法被调用,对象资源被释放")
cat=Cat()
cat.say()
print("程序结束")
```

[运行结果]

```
我的名字叫小白
程序结束
析构方法被调用,对象资源被释放
```

【例 7-8】 析构方法示例。

```
class Cat:
    def __init__(self):              # 构造方法,固定名称为__init__()
        self.name="小白"
    def say(self):                   # 自定义方法,名称为 say()
        print("我的名字叫"+self.name)
    def __del__(self):
        print("析构方法被调用,对象资源被释放")
cat=Cat()
cat.say()
del cat
print("程序结束")
```

[运行结果]

```
我的名字叫小白
析构方法被调用,对象资源被释放
程序结束
```

以上 2 个程序的区别是,例 7-8 在程序结束前使用 del 语句主动调用析构方法删除对象,因此先输出“析构方法被调用,对象资源被释放”。而例 7-7 没有使用 del 语句,因此在程序结束时才调用析构方法,后输出“析构方法被调用,对象资源被释放”。

7.3 成员属性

在类中定义的变量就是成员属性,用于描述类的特征。在 Python 中,类的属性分为两种:类属性和实例属性。它们的区别在于:类属性在该类及其所有实例中是共享的;而实例属性在实例之间是不共享的。

7.3.1 类属性

在类体中定义的变量,就是类属性。类属性属于类,可以通过类名或对象名访问。

【例 7-9】 类属性示例。

```
class Cat:
    content="我是一只猫"
```

```
cat=Cat()
print(cat.content)          # 类属性可以通过对象名访问
print(Cat.content)          # 类属性也可以通过类名访问
```

[运行结果]

```
我是一只猫
我是一只猫
```

类属性按能否在类外部访问可以分为公有属性和私有属性。定义属性时如果属性名以双下画线“__”开头,则该属性为私有属性,否则就是公有属性。

Python 中有以两个下画线开头,两个下画线结尾的属性,是系统内置属性,如__init__、__class__、__new__ 等。

在类的外部,公有属性可以通过“类名.属性名”的形式来访问,私有属性则不能通过这种形式访问。如果一定要在类的外部访问私有属性,则采用“__类名__属性名”的方式。但不推荐在类的外部访问该类的私有属性。

【例 7-10】 公有属性和私有属性示例。

```
class Cat:
    content="我是一只猫"        # 只要不是以“__”开头的,就是公有属性
    __newname="小白"            # 私有属性,只应该在类的内部被调用
    def say(self):
        print(self.content)
        print(self.__newname) # 私有属性应该在类的内部使用
print(Cat.content)
print(Cat._Cat__newname)        # 在类的外部访问私有属性
print("*"*20)
cat=Cat()
cat.say()
```

[运行结果]

```
我是一只猫
小白
********************
我是一只猫
小白
```

7.3.2 实例属性

在类的构造方法__init__()或其他实例方法中定义的变量,就是实例属性。实例属性属于该类的某个对象,定义和使用时必须以 self 作为前缀。

在类的外部,创建类的实例后,可以通过赋值语句创建新的属性,语法格式如下:

对象名.属性名=值

此时的属性只属于该对象。类的其他实例如果访问该属性就会报错。

【例 7-11】　实例属性示例。

```
class Cat:
    def __init__(self):
        self.content="我是一只猫"        # 实例属性,通过 self 访问
        print(self.content)

    def say(self):
        self.food="鱼"                 # 实例属性,通过 self 访问
        print("我喜欢吃"+self.food)
cat1=Cat()
cat1.say()
cat1.color="白色"
print(cat1.color)
print("*************************")
cat2=Cat()
cat2.say()
print(cat2.color)
```

运行结果如图 7-2 所示。

```
我是一只猫
我喜欢吃鱼
白色
*************************
我是一只猫
我喜欢吃鱼

---------------------------------------------------------------------------
AttributeError                            Traceback (most recent call last)
<ipython-input-33-eda3e6b7f67d> in <module>
     15 cat2=Cat()
     16 cat2.say()
---> 17 print(cat2.color)

AttributeError: 'Cat' object has no attribute 'color'
```

图 7-2　实例属性示例

上述程序中,Cat 定义了 2 个实例属性 content 和 food,分别定义在构造方法和实例方法中。cat1 创建了一个独有属性 color,Cat 类的另一个实例 cat2 不能访问这个属性,否则就会报错。

7.4　成员方法

类中除了有成员属性外,还有成员方法。成员方法是指在类中定义的函数。Python 中的方法可分为 3 种:实例方法、静态方法和类方法。

7.4.1 实例方法

实例方法是类的对象拥有的方法,只能通过对象进行调用。定义实例方法时,至少需要一个参数,而 self 参数必须存在,且是参数列表中的第一个。

定义实例方法的语法格式如下:

```
def 方法名(self ,...):
    方法体
```

定义实例方法后,只能通过"对象名.方法名(参数)"的形式调用。其中参数是除实例对象之外的其他参数。

【例 7-12】 实例方法示例。

```
class Cat:
    def __init__(self):
        self.name="我是一只猫"
    def say(self):
        self.food="鱼"
        print("我喜欢吃"+self.food)
cat=Cat()
cat.say()
# Cat.say()                # 实例方法属于对象,用类名调用会报错
```

[运行结果]

```
我是一只猫,我喜欢吃鱼
```

7.4.2 静态方法

静态方法既可以通过类名进行调用,也可以通过对象进行调用。在 Python 中,静态方法在定义时需要使用"@ staticmethod"修饰。与实例方法和类方法不同的是,静态方法可以带任意数量的参数,也可以不带任何参数。其语法格式如下:

```
@ staticmethod
def 方法名( [参数] ):
    方法体
```

可以在静态方法中通过类名访问类属性,不能在静态方法中访问实例属性。

【例 7-13】 静态方法示例。

```
class Cat:
    type="猫科动物"
    def say(self):
        self.food="鱼"
    @ staticmethod
```

```
    def show():                # 静态方法
        print(Cat.type)
cat=Cat()
cat.show()                     # 静态方法可以通过对象调用
Cat.show()                     # 静态方法可以通过类名调用
```

[运行结果]

```
猫科动物
猫科动物
```

静态方法主要是用来存放逻辑性的代码，逻辑上属于类。但是和类本身没有关系，也就是说在静态方法中，不必涉及类中的属性和方法的操作。可以理解为，静态方法是个独立的、单纯的函数，它仅仅托管于某个类的名称空间中，便于使用和维护。

7.4.3　类方法

类方法同样既可以通过类名进行调用，也可以通过对象进行调用。与实例方法和静态方法不同的是，类方法在定义时必须传入一个参数 cls 来表示当前类对象，并通过它来传递类的属性和方法（不能传实例的属性和方法）。Python 中的类方法需要使用“@ classmethod”进行修饰。

【例 7-14】　类方法示例。

```
class Cat:
    type="猫科动物"
    @classmethod
    def hello(cls):
        print(type(cls), cls.type)
Cat.hello()
```

[运行结果]

```
<class 'type'> 猫科动物
```

通过使用“@ classmethod”修饰，将 hello()方法绑定到 Cat 类上，而非类的实例。类方法的第一个参数传入的是类本身，上面的 cls.type 相当于 Cat.type。因为在类上调用，而非实例上调用，因此类方法无法获得任何实例变量，只能获得类的引用。

原则上，类方法是将类本身作为对象进行操作的方法。

7.5　继承和多态

在程序中，继承描述的是事物之间的从属关系，例如狼和羊都是哺乳动物，程序中就可以描述狼和羊继承自哺乳动物。

继承是指在一个父类的基础上定义一个新的子类。子类通过继承机制将从父类中得到所有的属性和方法,也可以对这些方法进行重写和覆盖,同时还可以添加一些新的属性和方法,从而扩展父类的功能。通过继承机制,可以大幅度减少开发工作量,提高代码复用。

继承关系按父类的多少分为单继承和多继承,Python 支持多继承。

7.5.1 继承

在 Python 中,当一个子类只有一个父类时称为单继承。子类的定义语法格式如下:

```
class 子类名( 父类名 ):
    类体
```

如果一个子类继承多个父类的特性,则是多继承。子类的定义语法格式如下:

```
class 子类名( 父类名1, 父类名2, …… ):
    类体
```

子类可以继承父类的所有公有属性和公有方法,不能继承其私有属性和私有方法。

【例 7-15】 单继承示例。

```
class Animal:
    def eat(self):
        print("我要吃东西")
    def run(self):
        print("我要奔跑")
class Sheep(Animal):
    def show(self):
        print("我是羊,我是食草动物")
class Wolf(Animal):
    def show(self):
        print("我是狼,我是食肉动物")
sheep=Sheep()
sheep.eat()          # 继承自父类的方法
sheep.run()          # 继承自父类的方法
sheep.show()         # 子类新增的方法
print("************************")
wolf=Wolf()
wolf.eat()           # 继承自父类的方法
wolf.run()
wolf.show()          # 子类新增的方法
```

[运行结果]

```
我要吃东西
我要奔跑
我是羊,我是食草动物
————————————————————
我要吃东西
我要奔跑
我是狼,我是食肉动物
```

【例 7-16】 多继承示例。

```
class Animal:
    def eat(self):
        print("我要吃东西")
class Bird:
    def fly(self):
        print("我可以飞翔")
class Bat(Animal,Bird):
    def show(self):
        print("我是蝙蝠")
        self.eat()          # 多重继承,继承自父类 Animal 的 eat()方法
        self.fly()          # 多重继承,继承自父类 Bird 的 fly()方法
bat=Bat()
bat.show()
```

[运行结果]

```
我是蝙蝠
我要吃东西
我可以飞翔
```

7.5.2 多态

多态是指将一个子类对象当作其父类对象来使用,因为子类对象含有父类的所有方法和属性。

【例 7-17】 多态性示例。

```
class Animal:
    def show(self):
        print(self.type)
class Sheep(Animal):
```

```
    def __init__(self):
        self.type="我是羊,我是食草动物"
class Wolf(Animal):
    def __init__(self):
        self.type="我是狼,我是食肉动物"
def say(animal):
    animal.show()
sheep=Sheep()
wolf=Wolf()
say(sheep)
say(wolf)
```

[运行结果]

```
我是羊,我是食草动物
我是狼,我是食肉动物
```

Python 是动态的解释型语言,对象的属性和方法只有在使用时才会被检查。因此,Python 中没有严格意义上的多态,只要一个类拥有对应的属性和方法,都可以通过类似多态的方式来使用。

另外,像方法的重写和重载也是多态的一种体现。

第 8 章　文件操作

文件系统是操作系统的重要组成部分,是对存储设备的空间进行组织和分配,负责文件存储并对存入的文件进行保护和检索的系统。具体来说,文件系统负责为用户建立文件,存入、读出、修改、转储文件,控制文件的存取,当用户不再使用时撤销文件等。

8.1　文件的基本概念

在文件系统中,计算机中的数据以文件形式存储在外部存储器的不同目录中。目录一般采用树状结构,每个磁盘有一个根目录,它包含若干个文件和子目录。子目录还可以包含若干个文件和下一级子目录,由此形成多级目录结构。

文件是存储在磁盘等外部存储器上的数据集合,可以呈现出文本文件、图形、图像、动画、音频和视频等不同文件形式。文件按编码不同分为文本文件和二进制文件。

1)文本文件

文本文件存储的是常规字符串,由若干文本行组成,通常每行以换行符"\n"结尾。常规字符串,是指如英文字母、汉字、数字、标点符号等可以在记事本等文本编辑器中正常显示、编辑的字符串。扩展名为 txt、log、cpp、py 等的文件都属于文本文件。

2)二进制文件

常见的如图形图像文件、音频视频文件、可执行文件、资源文件、Office 文档等都属于二进制文件。二进制文件无法用记事本或其他普通字处理软件直接进行编辑,需要通过解码或反序列化之后才能正确地读取、显示、修改或执行。

8.2　文件读写

无论是文本文件还是二进制文件,在进行读写操作之前都需要打开文件,完成操作之后还应及时关闭文件,以释放所占用的系统资源。

8.2.1　打开文件

在 Python 中,使用内置函数 open()打开指定的文件并返回相应的文件对象,相关的方法只能被它调用才可以进行读写。open()函数的调用格式如下:

open(file[,mode,buffer,encoding=None,errors=None,newline=None, closefd=True])

open 函数有很多参数,常用的有 file、mode 和 encoding,对于其他的几个平时不常用的参数,只简单介绍一下。

1) file 参数

file 参数指的是文件路径,是必选参数,用于指定打开文件的路径地址,既可以是相对路径,也可以是绝对路径。其他参数是可选参数,如果不选则使用默认值。

2) mode 参数

mode 参数用于指定打开文件的模式,是一个可选的字符串,有多种选择值,默认值为"r"。具体表示方式及含义见表 8-1。

表 8-1 文件打开方式及含义

文件打开方式	含 义
rt	以只读模式打开文本文件。如果指定文件不存在,则出错
wt	以只写模式打开文本文件。如果指定文件不存在,则建立新文件
at	以追加模式打开文本文件。如果指定文件不存在,则建立新文件
rb	以只读模式打开二进制文件。如果指定文件不存在,则出错
wb	以只写模式打开二进制文件。如果指定文件不存在,则建立新文件
ab	以追加模式打开二进制文件。如果指定文件不存在,则建立新文件
rt+	以可读/写模式打开文本文件。如果指定文件不存在,则出错
wt+	以可读/写模式打开文本文件。如果指定文件不存在,则建立新文件
at+	以可读/写模式打开文本文件。如果指定文件不存在,则建立新文件
rb+	以可读/写模式打开二进制文件。如果指定文件不存在,则出错
wb+	以可读/写模式打开二进制文件。如果指定文件不存在,则建立新文件
ab+	以可读/写模式打开二进制文件。如果指定文件不存在,则建立新文件

3) buffer 参数

buffer 参数是一个可选的整型值,用于指定访问文件所采用的缓冲方式,默认值为-1。如果为-1,表示使用缓冲,使用系统默认的缓冲区大小;如果为 0,则表示不使用缓冲,只适用于二进制模式;如果为 1,则表示使用行缓冲,适用于文本模式;如果大于 1,则使用给定值作为缓冲区大小。

4) encoding 参数

encoding 参数是一个可选参数,用于指定文件所使用的编码格式,只能在文本模式下使用。该参数默认值依赖于平台,在 Windows 平台上默认的文本文件编码格式为 ANSI;如果以 Unicode 编码格式创建文本文件,则设置为"utf-32";如果以 UTF-8 编码格式创建文件,可将该参数设置为"utf-8"。

5) errors 参数

errors 参数的取值一般有 strict、ignore。如果为 strict，当字符编码出现问题时会报错；如果为 ignore，编码出现问题时程序会忽略而过，继续执行下面的程序。

6) newline 参数

newline 参数可以取的值有 None、\n、\r、''、'\r\n'，用于区分换行符，这个参数只对文本模式有效。

7) closefd 参数

closefd 的取值，是与传入的文件参数有关，默认情况下为 True，传入的 file 参数为文件的文件名，取值为 False 时，file 只能是文件描述符。文件描述符是一个非负整数，在 Unix 内核的系统中打开一个文件，便会返回一个文件描述符。

8.2.2　关闭文件

在 Python 中，通过调用文件对象的 close() 函数来关闭文件。其调用格式如下：

文件对象.close()

close() 函数用于关闭之前用 open() 函数打开的文件，将缓冲区中的数据写入文件，然后释放文件对象。

文件关闭之后便不能再访问文件对象了，如果想继续使用文件，则必须再次通过 open() 函数打开文件。

【例 8-1】　打开文件和关闭文件示例。

```
file=open("D:\a.py","rt")   # 如果文件在 D 盘，路径应该写 D:\a.py
print("正常执行 open 函数之后:")
print("文件的相关信息如下:")
print("*"*50)
print("文件名:",file.name)
print("文件打开模式:",file.mode)
print("文件缓冲区:",file.buffer)
print("文件编码:",file.encoding)
print("文件是否关闭:",file.closed)
print("*"*50)
file.close()
print("正常执行 close 函数之后")
print("文件是否关闭:",file.closed)
```

运行结果如图 8-1 所示。

CP936 其实就是 GBK，在发明 Code Page 时将 GBK 放在第 936 页，所以称为 CP936。GB2312 的 code page 是 CP20936。

```
正常执行open函数之后:
文件的相关信息如下:
***********************************************
文件名: D:\a.py
文件打开模式: rt
文件缓冲区: <_io.BufferedReader name='D:\\a.py'>
文件编码: cp936
文件是否关闭: False
***********************************************
正常执行close函数之后
文件是否关闭: True
```

图 8-1　open()方法示例

8.2.3　读取文件

Python 提供了 3 个常用的读取文件方法:read()函数、readline()函数和 readlines()函数。

1)read([size])函数

read()函数用于读取文件中指定的字节数;如果不设置 size 参数,则读取整个文件内容。该函数返回的是一个字符串。语法格式如下:

文件对象名.read([size])

【例 8-2】　read()函数示例。

```
file = open("D:\a.txt","rt")
lines = file.read()
print( lines )
file.close()
```

在 D 盘创建 a.txt 文本文件,内容为:abcdefghijklmnopqrstuvwxyz。

[运行结果]

```
abcdefghijklmnopqrstuvwxyz
```

【例 8-3】　read(size)函数示例。

```
file = open("D:\a.txt", "rt")
lines1 = file.read(5)
print( lines1 )
lines2=file.read()
print(lines2)
file.close()
```

[运行结果]

```
abcde
fghijklmnopqrstuvwxyz
```

file.read(5)从文件的指定位置开始读取5个字节数,输出lines1时显示的是5个字节的内容。而此时光标停在第5个字节位置,此时file.read()读取数据时,从此处一直读取到文件结尾,输出line2的内容。读到的line1和line2都是字符串。

文件对象还提供seek(start)函数重新定位指针的位置。使用者可以通过调用file.seek(0)将指针重新定位到文件开始的位置。

【例8-4】　seek(size)函数和read()函数示例。

```
file = open("D:\a.txt", "rt")
lines1 = file.read(5)
print( lines1 )
file.seek( 0 )
lines2=file.read()
print(lines2)
file.close()
```

[运行结果]

```
abcde
abcdefghijklmnopqrstuvwxyz
```

2)readline()函数

readline()函数用于从文件中读取整行,返回的是一个字符串。因为占用内存较小,适合读取大文件。

【例8-5】　readline()函数示例。

```
file = open("D:\a.txt", "rt")
line = file.readline()
print( line )
file.close()
```

在a.txt文本文件中,输入第2行“0123456789”的数字,第3行所有大写英文字母,运行如上程序。

[运行结果]

```
abcdefghijklmnopqrstuvwxyz
```

readline()每次只能读取一行,如果读取全部文件,需要使用循环读取。

【例8-6】　readline()函数读取全部文件示例。

```
file = open("D:\a.txt", "rt")
line = file.readline()
while line:
    print( line )
    line = file.readline()
```

```
file.close()
```

[运行结果]

```
abcdefghijklmnopqrstuvwxyz
0123456789
ABCDEFGHIJKLMNOPQRSTUVWXYZ
```

3) readlines()函数

readlines()函数读取文件中所有行的内容,将读到的数据保存在一个列表中,每一行作为列表中的一个元素。此函数可以一次性读取整个文件,但读取大文件时比较占内存。

【例 8-7】 readlines()函数示例。

```
file = open("D:\a.txt", "rt")
lines = file.readlines()
print( type(lines) )
print( lines )
file.close()
for line in lines:
    print( line )
```

[运行结果]

```
<class 'list'>
['abcdefghijklmnopqrstuvwxyz\n', '0123456789\n', 'ABCDEFGHIJKLM-
NOPQRSTUVWXYZ']
abcdefghijklmnopqrstuvwxyz
0123456789
ABCDEFGHIJKLMNOPQRSTUVWXYZ
```

8.2.4 写入文件

Python 提供了 2 个文件写入的函数:write()函数和 writelines()函数。写文件和读文件是一样的,唯一区别是调用 open()函数时,传入打开模式'w'或者'wb'表示写文本文件或写二进制文件。

1) write()函数

write()函数与 read()、readline()函数对应,是将字符串写入文件中。

【例 8-8】 write()函数示例。

```
file = open("D:\a.txt", "wt")
file.write("Hello World! ")
file.write("Welcome to the Python World")
file.close()
```

首先将 a.txt 内容清空,再执行如上程序。程序执行完毕后,打开 a.txt 文件,文本内容已经写入,结果如图 8-2 所示。

图 8-2 write( )函数示例

执行上述程序时,如果文件存在,则写入 2 次字符串;如果文件不存在,则在 D 盘新建一个 a.txt 的文本文件,写入 2 次字符串。

write( )函数每次写入一次数据不换行,如果想写入多行数据,可以多执行几次 write( )函数,在数据末尾加入换行符"\n"即可。

【例 8-9】 write( )函数输出换行符示例。

```
file = open("D:\a.txt", "wt")
file.write("Hello World! \n")
file.write("Welcome to the Python World! \n")
file.write("I Love Python! \n")
file.close()
```

打开 a.txt 文件,写入的内容如图 8-3 所示。

图 8-3 write( )函数输出换行符示例

2) writelines( )函数

writelines( )函数和 readlines( )函数对应,针对一个字符串列表,可以将它们写入文件中。换行符不会自动加入,所以需要显示地加入换行符。

【例 8-10】 writelines( )函数示例。

```
words = ["关羽","张飞","赵云","马超","黄忠"]
file = open("D:\a.txt", "wt")
file.writelines(words)
file.close()
# 加入换行符
file2= open("D:\b.txt", "wt")
for word in words:
    file2.writelines(word+"\n")
file2.close()
```

打开 a.txt 文件,写入的内容如图 8-4 所示。

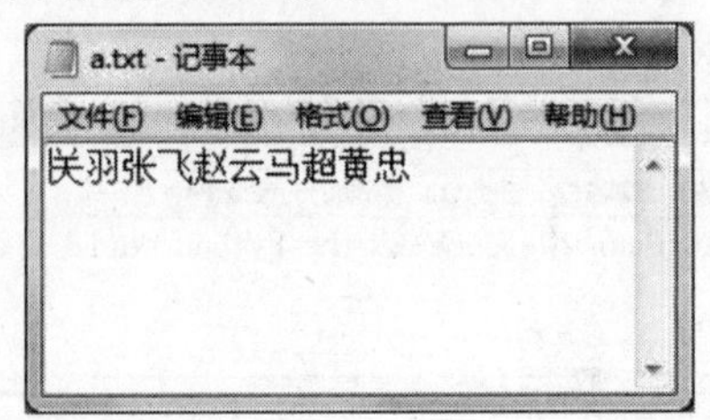

图 8-4 writelines( )函数 a.txt 文本内容

打开 b.txt 文件,写入的内容如图 8-5 所示。

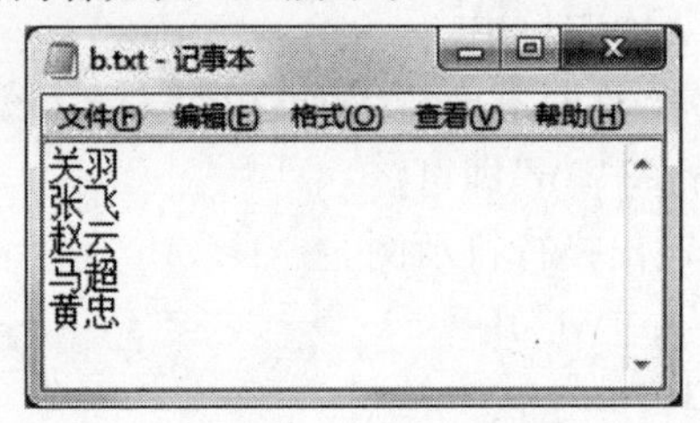

图 8-5 writelines( )函数 b.txt 文本内容

8.3 其他文件操作

Python 的 os 模块和 shutil 模块提供了文件和目录的管理功能,导入这些模块后,可通过调用相关的函数来实现文件和目录的管理功能,例如复制、移动以及删除等。

8.3.1 os 模块文件操作

Python 标准库的 os 模块除了提供使用操作系统功能和访问文件系统的简单函数外,还提供了大量文件级操作函数。

1)获取和更改当前工作目录

使用 os.getcwd( )函数可以获取当前工作目录,这个函数没有参数,它返回一个表示当前工作目录的字符串。

使用 os.chdir(path)函数可以更改当前工作目录。若指定的 path 路径不存在,则会引发 FileNotFoundError 错误。

【例 8-11】 getcwd( )函数和 chdir( )函数示例。

```
import os
strpath=os.getcwd()
print(strpath)
os.chdir("D:\123")
strpath2=os.getcwd()
print(strpath2)
```

运行结果如图 8-6 所示。

```
C:\Users\Administrator

---------------------------------------------------------------------------
FileNotFoundError                         Traceback (most recent call last)
<ipython-input-17-1b5490b2cc68> in <module>
      2 strpath=os.getcwd()
      3 print(strpath)
----> 4 os.chdir("D:\\123")
      5 strpath2=os.getcwd()
      6 print(strpath2)

FileNotFoundError: [WinError 2] 系统找不到指定的文件。: 'D:\\123'
```

图 8-6　getcwe( )函数和 chdir( )函数示例

运行结果中的"C:\Users\Administrator"为当前工作目录。而程序运行出现了错误,在第 4 行代码中,当前 D 盘没有上述文件夹时,则会引发 FileNotFoundError 错误。

在 D 盘创建名称为"123"的文件夹,再次执行程序。

[运行结果]

```
C:\Users\Administrator
D:\123
```

2)列出文件与目录

使用 os.listdir(path)函数可以返回指定目录下的所有文件和目录名,返回的数据保存在一个列表中。

【例 8-12】　listdir( )函数示例。

```
import os
filepath = os.getcwd( )
lt = os.listdir( filepath )
print( lt )
```

运行结果如图 8-7 所示。

```
['.android', '.ipynb_checkpoints', '.ipython', '.jupyter', '.matplotlib', '.MemuHyperv', '.spyder-py3', 'AppData', 'Application Data', 'Contacts', 'Cookies', 'Desktop', 'Documents', 'Downloads', 'Favorites', 'Links', 'Local Settings', 'Music', 'My Documents', 'NetHood', 'NTUSER.DAT', 'ntuser.dat.LOG1', 'ntuser.dat.LOG2', 'NTUSER.DAT{016888bd-6c6f-11de-8d1d-001e0bcde3ec}.TM.blf', 'NTUSER.DAT{016888bd-6c6f-11de-8d1d-001e0bcde3ec}.TMContainer00000000000000000001.regtrans-ms', 'NTUSER.DAT{016888bd-6c6f-11de-8d1d-001e0bcde3ec}.TMContainer00000000000000000002.regtrans-ms', 'ntuser.ini', 'ntuser.pol', 'Pictures', 'PrintHood', 'Recent', 'Saved Games', 'Searches', 'SendTo', 'Templates', 'UIDowner', 'Untitled.ipynb', 'Untitled1.ipynb', 'Videos', '「开始」菜单']
```

图 8-7　listdir( )函数示例

此时读到的数据是当前 Python 工作目录"C:\Users\Administrator"下的所有文件和目录列表。当然,不同的工作目录运行结果也会不同。

3)创建目录

使用 os.mkdir(path)函数可以创建 path 指定的目录。该函数只能创建一层,如果想创建多级目录,则使用 os.makedirs(path)函数实现。

【例 8-13】　mkdir( )函数和 makedirs( )函数示例。

```
import os
os.mkdir("D:\aaa")
```

```
os.makedirs("D:\xxx\yyy\zzz")
```

运行结果如图 8-8 所示。

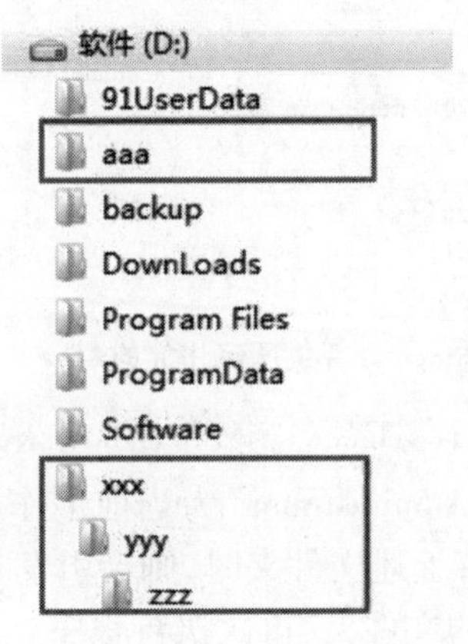

图 8-8 mkdir()函数和 makedirs()函数示例

4)重命名文件或目录

使用 os.rename(oldname, newname)函数可以实现文件或目录的重命名。如果 newname 是一个存在的文件或目录,将抛出 OSError。

5)删除文件和空目录

使用 os.remove(filepath)函数可以删除 filepath 指定的文件。

使用 os.rmdir(path)函数可以删除 path 指定的空目录。如果 path 指定的不是空目录,则会引发 OSError 错误。要删除整个文件夹内容,可以使用 shutil.rmtree()函数实现。

6)获取文件相关属性

使用 os.stat(filepath)函数可以获取 path 指定的文件的相关属性。返回值是一个对象,属性与 stat 结构成员有关,具体属性及其含义见表 8-2。

表 8-2 stat 结构成员及其含义

stat 结构成员	含 义
st_atime	最后一次访问时间
st_ctime	最后一次状态变化的时间,操作系统不同,该属性对应的结果也不同,例如在 Windows 操作系统下返回的就是文件的创建时间
st_mtime	文件最后一次修改时间
st_dev	设备名
st_ino	索引号
st_mode	保护模式
st_nlink	硬链接号(被连接数目)

续表

stat 结构成员	含 义
st_size	文件大小,以字节为单位
st_uid	所有用户的 user id
st_gid	所有用户的 group id

【例 8-14】 stat( )函数示例。

```
import os
info=os.stat("D:\a.txt")
print(info)
print("文件大小:",info.st_size,"字节")
print("最后一次访问时间:",info.st_atime)
print("最后一次修改时间:",info.st_mtime)
print("最后一次状态变化的时间:",info.st_ctime)
print("用户 ID:",info.st_uid)
print("组 ID:",info.st_gid)
print("保护模式:",info.st_mode)
print("索引号:",info.st_ino)
print("设备名:",info.st_dev)
print("被连接数目:",info.st_nlink)
```

[运行结果]

```
os.stat_result(st_mode=33206, st_ino=19140298416326955, st_dev=2486140959, st_nlink=1, st_uid=0, st_gid=0, st_size=63, st_atime=1605441813, st_mtime=1605232790, st_ctime=1605231353)
文件大小: 63 字节
最后一次访问时间: 1605441813.1130002
最后一次修改时间: 1605232790.6296
最后一次状态变化的时间: 1605231353.4076
用户 ID: 0
组 ID: 0
保护模式: 33206
索引号: 19140298416326955
设备名: 2486140959
被连接数目: 1
```

8.3.2 shutil 模块文件操作

shutil 模块是 Python 提供的一种高层次的文件操作工具,其对文件的复制和删除操作相比于 os 模块,支持更好。

1)复制文件

shutil.copy(filesrc, filedst)函数实现文件复制功能,将 filesrc 文件复制到 filedst 文件夹中,两个参数都是字符串格式。如果 filedst 是一个文件名称,那么它会被用来当作复制后的文件名称。copy( )函数实现复制文件内容以及权限,如果目标文件已存在则抛出异常。

shutil.copy2(filesrc, filedst)函数,实现文件复制功能与 copy( )函数相同。与 copy( )函数有一点不同的是,copy2( )函数实现复制文件内容以及文件的所有状态信息。

shutil.copyfile(filesrc, filedst)函数实现文件复制功能,只复制文件,不复制文件属性,如果目标文件已存在则直接覆盖。

【例 8-15】 shutil.copy( )函数示例。

```
import shutil
shutil.copy("D:\a.txt","D:\abc.txt")
shutil.copy("D:\a.txt","D:\123")
```

[运行结果]

```
'D:\123\a.txt'
```

如上所示,copy( )函数的返回值是复制成功后的字符串格式的文件路径。

【例 8-16】 shutil.copyfile( )函数示例。

```
import shutil
shutil.copyfile("D:\a.txt","D:\abc.txt")
```

[运行结果]

```
'D:\123\a.txt'
```

copyfile( )函数的返回值是复制成功后的字符串格式的文件路径,该函数的 filedst 参数只能是描述文件路径的字符串,而不能是描述文件夹的字符串。

2)复制目录

shutil.copytree(srcdir, dstdir)函数实现递归的文件复制功能,即将 srcdir 文件夹及内部所有文件递归复制为目的文件夹 dstdir 及其内部文件。其中 dstdir 参数表示的目标路径的最后一级必须是不存在的。如果此文件已存在则抛出异常。

【例 8-17】 shutil.copytree( )函数示例 1。

```
import shutil
shutil.copytree(" D:\xxx "," D:\123 ")
```

运行结果如图 8-9 所示。

```
FileExistsError                          Traceback (most recent call last)
<ipython-input-28-5092f942d56b> in <module>
----> 1 shutil.copytree("D:\\xxx","D:\\123")

D:\ProgramData\Anaconda3\lib\shutil.py in copytree(src, dst, symlinks, ignore, copy_function, ignore_dangling_symlinks)
    322         ignored_names = set()
    323
--> 324     os.makedirs(dst)
    325     errors = []
    326     for name in names:

D:\ProgramData\Anaconda3\lib\os.py in makedirs(name, mode, exist_ok)
    219             return
    220     try:
--> 221         mkdir(name, mode)
    222     except OSError:
    223         # Cannot rely on checking for EEXIST, since the operating system

FileExistsError: [WinError 183] 当文件已存在时，无法创建该文件。: 'D:\\123'
```

图 8-9 copytree( )函数示例

此时计算机的 D 盘中已存在名字为“123”的文件夹，所以使用 copytree( )函数时，会发生“当文件已存在时，无法创建该文件”错误。

【例 8-18】 shutil.copyfile( )函数示例 2。

```
import shutil
shutil.copytree(" D:\xxx "," D:\456 ")
```

［运行结果］

```
'D:\456'
```

如上所示，copytree( )函数返回的是复制文件成功后的目标路径字符串。

3）移动文件或目录

shutil.move(srcdir, dstdir)函数实现递归的文件移动功能。如果 srcdir 表示的是文件，需要考虑 dstdir 表示的文件夹是否存在，如果不存在则会抛出异常；如果存在则实现文件的移动，返回移动成功后该文件的全目录。如果 srcdir 参数表示的是文件夹，则将 srcdir 文件夹及内部所有文件移动为目的文件夹 dstdir 及内部文件，相当于重命名操作。该函数返回的是移动成功后的目标路径。

【例 8-19】 shutil.move( )函数实现文件移动示例。

```
import shutil
shutil.move(" D:\a.txt "," D:\456 ")
```

［运行结果］

```
'D:\456\a.txt'
```

如上所示，move( )函数返回的是，文件移动成功后的文件的全路径字符串。

【例 8-20】 shutil.move( )函数实现文件夹移动示例。

```
import shutil
shutil.move("D:\456","D:\789")
```

[运行结果]

```
'D:\456'
```

如上所示,move()函数返回的是,文件夹移动成功后的目标路径字符串。

4)删除目录 shutil.rmtree(path)

shutil.rmtree(path)函数实现文件删除功能,即递归的删除 path 文件夹及内部所有文件。

第 9 章　正则表达式

正则表达式提供了功能强大,灵活而又高效的方法来处理文本。本章首先介绍正则表达式的概念和功能、Python 中正则表达式的 re 模块,然后通过一个综合案例来介绍正则表达式在实际工作中的应用。

9.1　正则表达式的概念

正则表达式(Regular Expression,在代码中常简写为 regex 或 RE)是一个特殊的字符序列,用来描述字符串匹配的模式。正则表达式是由普通字符(例如字符 a 到 z)和特殊字符(称为“元字符”)组成的一个“规则字符串”,这个“规则字符串”用来表示满足某种逻辑条件的字符串。

正则表达式常见的功能有下述几种。

(1)数据验证

可以测试输入字符串是否符合一定的规则,符合规则就进行下一步操作,不符合就要求重新输入。例如,在填写个人信息时可以通过正则表达式来验证手机号码、电子邮箱是否符合正确的格式。

(2)替换文本

可以使用正则表达式来识别文档中的特定文本,完全删除该文本或者用其他文本替换。

(3)基于模式匹配从字符串中提取子字符串

可以查找文档内特定的文本。例如,在编写网络爬虫时将远程服务器的文档资料下载到本地计算机后,为了从这些众多的文档资料中找到自己感兴趣的内容,就可以通过构造一些特定的正则表达式,从文档中匹配出这些内容,并把它提取出来。

9.2　正则表达式模块(re)

在 Python 中,要使用正则表达式的功能,必须先导入正则表达式模块 re,本小节主要介绍正则表达式模块。

9.2.1　常用对象

在 re 模块中,常用的对象有两个,一个是正则表达式对象 Pattern,一个是匹配对象 Match,这两个对象比较特别,不能通过类生成对象,而是通过调用相应的方法生成对象,下面分别介绍这两个对象。

1) 正则表达式对象 Pattern

使用正则表达式 re 模块中的 compile( ) 函数将正则表达式的字符串形式编译为一个 Pattern 对象,然后调用正则表达式对象的相应方法来处理字符串。

Pattern 对象提供了对文本进行匹配查找的一系列方法:

match(string)

从字符串 string 起始位置开始匹配,一次匹配,匹配成功,返回 Match 对象,否则返回 None。

search(string[,pos,[,endpos]])

从 pos 和 endpos 指定的位置开始匹配,一次匹配,匹配成功,返回 Match 对象,否则返回 None。

findall(string[,pos,[,endpos]])

从 pos 和 endpos 指定的位置开始匹配,全部匹配,匹配成功,将所有满足条件匹配结果放入一个列表并返回这个列表,否则返回一个空列表。

string 是必填参数,表示被匹配的字符串。[ ]包含的参数是可选参数,pos 和 endpos 是可选参数,pos 表示起始位置,endpos 表示结束位置,如果没有 pos 和 endpos 参数,就匹配整个 string 字符串。

2) 匹配对象 Match

使用正则表达式 re 模块中的函数 match 和 search,或者 Pattern 对象的 match 和 search 方法,如果匹配成功,都会返回匹配对象 Match,如果匹配不成功,则返回 None。

Match 对象常用的方法:

group( )　　获得匹配后的字符串。
groups( )　　以元组格式返回所有匹配子组。
start( )　　匹配字符串在原始字符串的开始位置。
end( )　　匹配字符串在原始字符串的结束位置。

9.2.2 常用函数

1) compile 函数

compile 函数用于编译正则表达式,生成一个正则表达式(Pattern)对象。其语法格式为:

re.compile(pattern [,flags=0])

函数参数说明:

pattern　　字符串形式的正则表达式。
flags　　可选,表示匹配模式,比如忽略大小写,多行模式等。

2) match 函数

match 函数尝试从字符串的起始位置匹配一个模式,匹配成功则返回一个匹配对象 Match,如果未匹配成功或者不是起始位置匹配成功的话,就返回 None。函数语法为:

re.match(pattern, string, [,flags=0])

函数参数说明:

pattern　　字符串形式的正则表达式或正则表达式对象。

string　　待匹配的字符串。

flags　　可选,表示匹配模式,比如忽略大小写,多行模式等。

3) search 函数

search 函数匹配整个字符串并返回第一个成功的匹配项,匹配成功则返回一个匹配对象 Match,否则返回 None。函数语法为:

re.search(pattern, string, [,flags=0])

函数参数说明:

pattern　　字符串形式的正则表达式或正则表达式对象。

string　　待匹配的字符串。

flags　　可选,表示匹配模式,比如忽略大小写,多行模式等。

match 函数与 search 函数的区别,match 函数只匹配字符串的开始,而 search 函数匹配整个字符串,直到找到一个匹配项或匹配失败。

4) findall 函数

findall 函数在字符串中匹配所有满足条件的子串,将所有子串放入列表并返回列表,如果未匹配成功,则返回空列表。语法格式为:

re.findall(pattern, string[, flags=0])

函数参数说明:

pattern　　字符串形式的正则表达式或正则表达式对象。

string　　待匹配的字符串。

5) split 函数

split 函数使用正则表达式匹配的字符或字符集,将指定字符串进行分割,分割结果放入列表并返回列表。语法格式为:

re.split(pattern, string[, maxsplit=0, flags=0])

函数参数说明:

pattern　　字符串形式的正则表达式或正则表达式对象。

string　　待匹配的字符串。

maxsplit　　分割次数,默认为 0,不限制次数。

flags　　标志位,用于控制正则表达式的匹配方式。

6) sub 函数

sub 函数用于替换字符串中的匹配项。语法格式为:

re.sub(pattern, repl, string[, count=0, flags=0])

函数参数说明:

pattern　　字符串形式的正则表达式或正则表达式对象。

repl　　替换的字符串,也可为一个函数。

string　　要被查找替换的原始字符串。

count　　模式匹配后替换的最大次数，默认 0 表示替换所有的匹配。

flags　　编译时用的匹配模式，数字形式。

[ ]包含的参数是可选参数，其余的是必填参数。其中 flags 的值包括：

re.I 忽略大小写。

re.L 表示特殊字符集\w、\W、\b、\B、\s、\S 依赖于当前环境。

re.M 多行模式，改变'^'和'$'的行为。

re.S 点任意匹配模式，改变'.'的行为。

re.U 表示特殊字符集\w、\W、\b、\B、\d、\D、\s、\S 依赖于 Unicode 字符属性数据库。

在使用正则表达式模块时，可以直接使用 re 模块的函数进行字符串处理，也可以将正则表达式字符串编译成正则表达式对象 Pattern，然后用正则表达式对象 Pattern 的方法来处理字符串。两种方法的效果是一样的，但如果在程序中需要多次使用同一正则表达式，应该将它编译成正则表达式对象 Pattern，这样可以提高程序的效率。

【例 9-1】　练习 re 模块的常用函数和方法。

```
import re  #导入 re 模块
pattern = re.compile(r"python") # 将正则表达式编译成 Pattern 对象

#使用 Pattern 对象的 match 方法匹配
s=pattern.search('I love python')
#使用 re 模块的 search 函数匹配，返回 match 对象
s1=re.search(pattern,'I love python')
print(s)
print(s1)
print(s1.group())  #用 match 对象的 group 方法获得匹配的字符串
```

[运行结果]

```
<re.Match object; span=(7, 13), match='python'>
<re.Match object; span=(7, 13), match='python'>
python
```

9.3　正则表达式详解

9.3.1　普通字符

大多数的字符仅能够描述它们本身，这些字符称为普通字符，普通字符包括 ASCII 字符、Unicode 字符和转义字符，中文字符也属于普通字符。普通字符只能匹配字符串中与它们相同的字符。例如，对于一个字符串“I love python 100”，普通字符正则表达式“love”只能

匹配字符串中的“love”这个单词,普通字符正则表达式“10”只能匹配字符串中的数字“10”。

【例 9-2】 普通字符匹配练习。

```
import re   #导入 re 模块
pattern = re.compile(r"中国")        #将正则表达式编译成 Pattern 对象
m1=pattern.search('你好,中国')   #在字符串'你好,中国'匹配"中国"

#在字符串'I love python'匹配'love'
m2=re.search('love','I love python')
print(m1.group(),m2.group())    #打印匹配结果
```

[运行结果]

```
中国 love
```

9.3.2 预定义字符集

预定义字符集是预先定义的一些字符集合,表 9-1 是一些常用的预定义字符集,下面通过一个例题来说明它的用法。

表 9-1 常用的预定义字符集

字 符	含 义
\d	匹配数字,等效于[0-9]
\D	匹配非数字,等效于:[^\d]
\s	匹配任何空白字符,等效于[<空格>\t\r\n\f\v]
\S	匹配非空白字符,等效于[^\s]
\w	匹配数字字母下画线在内的任何字符,等效于[A-Za-z0-9_]
\W	匹配非数字字母字符,等效于:[^\w]
\A	仅匹配字符串开头,等效于^
\Z	仅匹配字符串结尾,等效于$

【例 9-3】 练习预定义字符集。

```
#预定义字符集
import re   #导入 re 模块
s="I love python, 888! "
m1=re.search('\d',s)      #匹配数字
m2=re.search('\D',s)      #匹配非数字
m3=re.search('\w',s)      #匹配数字字母下画线在内的任何字符
m4=re.search('\W',s)      #匹配非数字字母字符
print(m1)
print(m2)
```

```
print(m3)
print(m4)
```

[运行结果]

```
<re.Match object; span=(15, 16), match='8'>
<re.Match object; span=(0, 1), match='I'>
<re.Match object; span=(0, 1), match='I'>
<re.Match object; span=(1, 2), match=' '>
```

从上述的程序和结果可以看出,"\d"匹配字符串 s 中的数字 8,"\D"匹配字符串 s 中的非数字字符 I,"\w"匹配字符串 s 中的字母字符 I,"\W"匹配字符串 s 中的非数字字母字符空格。

9.3.3 元字符

由于普通字符只能匹配与自身相同的字符,那么正则表达式的灵活性和强大的匹配功能就不能完全展现,于是正则表达式规定了一系列的特殊字符,这些字符不是按照字符进行匹配的,而是具有特殊的语义,例如下面的字符:

^$. * + ? = !: | \ / () [ ] { }

这些字符具有特殊含义,如果要匹配这些具有特殊含义的字符,需要在这些字符前面加反斜杠(\)转义,例如想匹配一个".",需要写成"\.",否则就是匹配一个任意字符。这些特殊字符就是元字符,正是因为这些元字符,使得正则表达式匹配功能特别强大。

由于这些特殊字符是构造匹配各种复杂文本的正则表达式的基本字符,所以被称为元字符。

元字符分为任意匹配元字符、数据集元字符、次数限定元字符、边界限定元字符、模式选择元字符、模式分组和引用等。下面介绍一些常用元字符。

1)任意匹配元字符

任意匹配元字符"." 匹配一个除换行符"\n"外的任意字符(在 DOTALL 模式中也能匹配换行符)。

【例 9-4】 任意匹配元字符的用法。

```
#任意匹配元字符
import re      #导入 re 模块
pattern = re.compile("python...")
s=pattern.search('I love python9uu')
s1=re.search(pattern,'I love python8kkk88')
print(s)
print(s1)
```

[运行结果]

```
<re.Match object; span=(7, 15), match='python9u'>
<re.Match object; span=(7, 15), match='python8k'>
```

在上述程序中,正则表达式“python..”中的“python”匹配了 python 本身,两个“.”,匹配了字符串中的任意两个字符“9u”和“8k”。

2)数据集元字符

数据集就是一组数据的集合,元字符[ ]和[^]都是表示数据集的,匹配数据集中任意字符,数字集[^]是[ ]内容的取反。数据集中的字符可以逐个列出,也可以给出范围,如[amk]或[a-z]。[^amk]表示取反,即非 amk,面表示数字的数据集“\d”,也可以写成[0-9]。

【例 9-5】 数据集元字符的用法。

```
import re      #导入 re 模块
pattern = re.compile("[ohe]")         #
s1=re.search(pattern,'I love python,haha! ')#匹配 1 次
#匹配所有满足正则表达式的字符
s2=re.findall(pattern,'I love python,haha! ')
print(s1)
print(s2)
```

[运行结果]

```
<re.Match object; span=(3, 4), match='o'>
['o', 'e', 'h', 'o', 'h', 'h']
```

在上述程序中,正则表达式为字符集[ohe],search 函数从字符串“I love python,haha!”中匹配 1 次字符集[ohe]中的任意一个字符,从左往右匹配,第一个符合条件的是字母 o,所以就匹配了字母 o;findall 函数是匹配正则表达式中所有满足条件的字符,所以把字符串中所有的 o、h、e 都匹配了,并把结果放在集合中返回,所以结果是['o', 'e', 'h', 'o', 'h', 'h']。

3)次数限定元字符

正则表达式中的元字符一次只能匹配一个位置或一个字符,如果要匹配一个或零个或多个字符时,则需要使用限定元字符了。限定元字符就是允许特定字符或字符集合自身重复出现的次数,常用的限定元字符见表 9-2。

表 9-2　常用的限定元字符

字　符	含　义
*	匹配前一个字符 0 次或无限次
+	匹配前一个字符 1 次或无限次
?	匹配前一个字符 0 次或 1 次
{n}	匹配前一个字符 n 次
{n,}	匹配前一个字符至少 n 次
{n,m}	匹配前一个字符至少 n 次,最多 m 次

【例 9-6】 限定元字符的用法。

```
mport re                                  #导入 re 模块
s=' hehehehahahahhhhhhxxxxykkkk '
s1=re.search('x+',s)                      #匹配 1 次或 1 次以上任意次 x
s2=re.search('x? ',s)                     #匹配 0 次或 1 次 x
s3=re.search('x*',s)                      #匹配 0 次或任意次 x
s4=re.search('k{3}',s)                    #匹配 3 次 k
s5=re.search('h{2,8}',s)                  #匹配 2 次至 8 次 h
s6=re.search('(ha)+',s)                   #匹配 1 次或 1 次以上任意次 ha

print(s1)
print(s2)
print(s3)
print(s4)
print(s5)
print(s6)
```

[运行结果]

```
<re.Match object; span=(18, 22), match='xxxx'>
<re.Match object; span=(0, 0), match=''>
<re.Match object; span=(0, 0), match=''>
<re.Match object; span=(23, 26), match='kkk'>
<re.Match object; span=(12, 18), match='hhhhhh'>
<re.Match object; span=(6, 12), match='hahaha'>
```

上述程序中 s1 匹配字符“x”1 次或无限次，x 至少要匹配一次，字符“x”在字符串 s 第一次出现的索引位置是 18，因为+可以匹配前一字符无限次，所以把索引位置 18 以后连续出现的“x”全匹配了，结果为“xxxx”；s2 和 s3 所用的限定符 * 和?，最少可以匹配 0 次，在索引位置 0 就匹配 0 次，就没有把“x”匹配出来；s4 的正则表达式“k{3}”匹配字符“k”3 次，所以返回的匹配结果是“kkk”；s5 的正则表达式“h{2,8}”是匹配字符“h”最少 2 次，最多 8 次，在索引位置 18 出现连续 6 个“h”满足匹配次数在 2~8 次之间的次数，所以返回的匹配结果是“hhhhhh”；s6 的正则表达式“(ha)+”是匹配字符“ha”最少 1 次至无限次，在索引位置 6 的“ha”连续出现了 3 次，所以正则表达式也匹配了 3 次，最后返回的结果为“hahaha”。

4) 边界限定元字符

边界限定元字符就是规定正则表达式边界的元字符，比如以什么字符开头，以什么字符结尾，常用的边界限定元字符见表 9-3。

表 9-3　常用的边界限定元字符

字　符	含　义
^	匹配字符串的开头
$	匹配字符串的结尾
\b	匹配单词的边界
\B	匹配非单词边界

【例 9-7】　边界限定元字符的用法。

```
#边界限定
import re
s1 = ' xiaowang@ 163.com '
s2 = ' 18612345678111 '
s3 = ' cat,catch cat: category cat '
m1 = re.search('\w{4}@ 163.com $',s1)          #匹配以@ 163.com 结尾的字符串
m2 = re.search('^186\d{8}',s2)                 #匹配以 186 的字符串
m3 = re.findall(r '\bcat\b ',s3)               #匹配单词边界
print(m1)
print(m2)
print(m3)
```

[运行结果]

```
<re.Match object; span=(4, 16), match=' wang@ 163.com '>
<re.Match object; span=(0, 11), match=' 18612345678 '>
[' cat ', ' cat ', ' cat ']
```

在上述程序中,m1 匹配字符串 s1 中以“@ 163.com”结尾,“@ 163.com”前面匹配 4 个任意字符的字符串,匹配结果为 wang@ 163.com;m2 匹配字符串 s2 中以“186”开始,“186”后面匹配 8 个数字字符的字符串,匹配结果为“18612345678”;m3 匹配字符串 s3 中的所有的单词 cat,包含 cat 的单词不匹配,匹配结果是一个包含所有 cat 的列表[' cat ', ' cat ',' cat ']。

5)模式选择元字符

模式选择元字符为“|”,匹配“|”左右任意一个表达式,从左到右匹配。

【例 9-8】　模式选择元字符的用法。

```
#模式选择
import re
s1 = ' xiaowang@ 163.com '
s2 = ' 18612345678@ qq.com '
s3 = ' test@ gmail.com '
#匹配所有 163,qq,gmail 邮箱的正则表达式
```

```
p1='\w+@(163|qq|gmail).com$'
m1=re.search(p1,s1)
m2=re.search(p1,s2)
m3=re.search(p1,s3)
print(m1)
print(m2)
print(m3)
```

[运行结果]

```
<re.Match object; span=(0, 16), match='xiaowang@163.com'>
<re.Match object; span=(0, 18), match='18612345678@qq.com'>
<re.Match object; span=(0, 14), match='test@gmail.com'>
```

在上述程序中,正则表达式 p1 从结尾往前匹配,以“.com”结尾,“.com”前面用模式选择匹配 qq、163、gmail 三者之一,再前面匹配字符“@”,最前面用“\w+”匹配任意长度的字符串。在这个例子中,正则表达式 p1 可以匹配出字符串 s1,s2,s3 中 3 个不同类型的电子邮箱。

6)模式分组和引用

在正则表达式中,当多个元字符组成的表达式需要被当作一个整体进行处理时,可以使用“()”将其括起来,形成一个分组。每个分组可以指定分组名和分组编号。用户可以使用分组名或分组编号来引用正则表达中的某个分组进行查找或替换。常用模式分组和引用方法见表 9-4。

表 9-4 常用模式分组和引用方法

字 符	含 义
()	括号内的表达式将作为一个分组
\num	引用分组 num 匹配到的字符串
(?P<name>)	给分组命名
(?P=name)	引用分组名为 name 的分组匹配到的字符串

【例 9-9】 从网页中匹配特定的内容。

```
import re
s1='<title>正则表达式教程</title>' #正确网页标签
s2='<title>正则表达式教程</kkkk>' #错误网页标签
p1=r'<[a-zA-Z]+>.*</[a-zA-Z]+>' #匹配网页标签对的正则表达式
m1=re.search(p1,s1)
m2=re.search(p1,s2)
print(m1.group())
print(m2.group())
```

[运行结果]

```
<title>正则表达式教程</title>
<title>正则表达式教程</kkkk>
```

在上述程序中,网页标签对格式为<标签名></标签名>,标签名一般由1~n个字母组成,标签名的正则表达式可以写成"[a-zA-Z]+",标签间的字符可以是0到无限个任意字符,对应正则表达式为".*",所以匹配整个标签对的正则表达式为"<[a-zA-Z]+>.*</[a-zA-Z]+>",从上面程序的运行结果可以看出,正则表达式虽然匹配成功正确的网页标签,但错误的网页标签也匹配成功了。这是因为在网页中,标签对前后的标签名应该是一样的,但上面的正则表达式不能保证前后标签名一致,所以最后的结果是不正确的。要实现标签对前后标签名一致,需要用到分组和引用的功能。下面来看看修改后的例子:

【例9-10】 从网页中匹配特定的内容(分组方式)。

```
import re
s1='<title>正则表达式教程</title>' #正确网页标签
s2='<title>正则表达式教程</kkkk>'#错误网页标签
p1=r'<([a-zA-Z]+)>.+</\1>'    #匹配网页标签对的正则表达式
m1=re.search(p1,s1)           #匹配正确标签对,能匹配成功,返回Match对象
m2=re.search(p1,s2)           #匹配错误标签对,不能成功,返回None

if m1==None:
    print("m1未匹配成功")
else:
    print(m1.group())

if m2==None:
    print("m2未匹配成功")
else:
    print(m2.group())
```

[运行结果]

```
<title>正则表达式教程</title>
m2未匹配成功
```

程序修改后,正确的标签s1能成功匹配出结果,错误的标签s2不能成功匹配,说明这个正则表达式能达到想要的效果。修改后的正则表达式为"<([a-zA-Z]+)>.+</\1>",将前一个标签名加了一个括号,相当于前一个标签名当作一个分组,一个正则表达式可以有多个分组,按它所在的位置分别编号为1,2,…,n,这里只有一个分组,所以分组标号为1,

在后一个标签名所在的地方直接引用分组1匹配出来的值,引用分组的格式是“\”加分组编号1,就是“\1”。这样,就可以得到正确的结果。

如果正则表达式的分组比较多时,使用分组编号的方式很容易出错,这时,可以给分组命名,通过分组名引用相应分组匹配的值。

【例9-11】 从网页中匹配特定的内容(分组命名方式)。

```
import re
s1='<html><title>正则表达式教程</title></html>'
p1=r'<(?P<name1>[a-zA-Z]+)><(?P<name2>[a-zA-Z]+)>(.+)</(?P=name2)></(?P=name1)>'      #正则表达式分组命名
m1=re.search(p1,s1)
if m1==None:
    print("m1 未匹配成功")
else:
    print(m1.group())
    print(m1.group(1),m1.group(2),m1.group(3))
```

[运行结果]

```
<html><title>正则表达式教程</title></html>
html title 正则表达式教程
```

上述程序中,在正则表达式p1中,第一个分组命名为name1,匹配字符串中标签html的前标签名,第二个分组命名为name2,匹配字符串中标签title的前标签名,第三给分组没有命名,可以用分组编号3表示,匹配的是title标签间的一段文字,title标签后标签名直接引用title前标签的分组名name2的值,html标签后标签名直接引用html前标签的分组名name1的值。程序运行结果也如分析一样,正则表达式p1匹配了字符串s1的内容,分组name1匹配了标签名html,分组2匹配了标签名title,分组3匹配“正则表达式教程”这一段文字。

9.3.4 转义字符和原始字符串

正则表达式由普通字符和元字符构成,正则表达式中的元字符如果要作为普通字符使用,则需要转义,Python用反斜杠(\)作为转义符。如$在正则表达式中表示匹配结尾,如果要匹配$这个符号本身,就需要转义,写成“\$”。

原始字符串是所有的字符都是直接按字面的意思来使用,没有特殊转义字符或不能打印的字符。如果不想让转义字符生效,只想显示字符串原来的意思,这就要用r来定义原始字符串。

【例9-12】 转义字符和原始字符串用法。

```
s1="hello\npython"          #转义字符
s2=r"hello\npython"         #原始字符串
```

```
print("s1:",s1)
print("s2:",s2)
```

[运行结果]

```
s1: hello
python
s2: hello\npython
```

上述程序中,字符串 s1 不是原始字符串格式,所以它把字符串中的“\n”解释为换行符号,所以打印了两行;字符串 s2 被定义为原始字符串格式,按字面的意思来使用,“\n”未解释为换行符号,结果打印了一行,“\n”也被直接打印出来。

正则表达式中如果有一些特殊的符号,最好尽量使用原始字符串格式,可以避免很多错误。

9.3.5 贪婪和懒惰匹配

在使整个正则表达式能得到匹配的前提下,匹配尽可能多的字符,被称为贪婪匹配。在使整个正则表达式能得到匹配的前提下,匹配尽可能少的字符,被称为懒惰匹配。默认情况下,Python 正则表达式的匹配算法采用贪婪匹配算法。如果要切换到懒惰匹配算法,只需要在正则表达式中表示字符重复个数元字符(?,+,*,{m}等)后面加一个“?”即可切换到懒惰模式。

【例 9-13】 转义字符和原始字符串用法。

```
import re   #导入 re 模块
s='xyxxyyxyxyxxxyx'
pattern1 = re.compile("x.*y")        #贪婪匹配
pattern2 = re.compile("x.*?y")       #懒惰匹配
m1=pattern1.findall(s)
m2=pattern2.findall(s)
print('m1:',m1)
print('m2:',m2)
```

[运行结果]

```
m1: ['xyxxyyxyxyxxxy']
m2: ['xy', 'xxy', 'xy', 'xy', 'xxxy']
```

上述程序中,贪婪匹配模式下,“x.*y”匹配最长的以 x 开始,以 y 结束的字符串,字符串 s 中只匹配了一个满足正则表达式的字符串;而在懒惰模式下,“x.*?y”匹配最短的以 x 开始,以 y 结束的字符串,字符串 s 中匹配了 5 个满足正则表达式的字符串。

9.3.6 正则表达式运算符优先级

正则表达式遵循优先级顺序,这与算术表达式类似。不同优先级的运算先高后低,相同优先级的从左到右进行运算。表 9-5 为各种正则表达式运算符的优先级顺序(1 为最高,5 为最低)。

表 9-5　各种正则表达式运算符的优先级顺序

优先级	元字符
1	\
2	( )　[ ]
3	+ * ? {n} {n,} {n,m}
4	^ $ \b \B 或任何普通字符
5	|

9.4　综合案例

【例 9-14】　已知一文本文件 1.txt 有如下内容:

其中第 1 部分为实验室编号,第 2 部分为座位编号,第 3 部分为学号,第 4 部分为姓名,要求提取每行数据的 4 个部分,格式化输出打印,并将结果写入电子表格 test.xls 中,如图 9-1 所示。

图 9-1　例 9-14 图

［解题思路］

这道题的重点是从文本的每行数据提取实验室编号、座位编号、学号、姓名，这可以通过正则表达式完成，所以解题的重点就是写合适的正则表达式提取数据。要通过正则表达式提取数据，就需要分析数据的规律，然后根据规律写出正则表达式。首先看实验室编号的规律，实验室编号都在字符“jsj”后面，而且都是3位数，正则表达式可以写为jsj(\d{3})，加一个分组符号，便于通过group()函数提取数据；座位编号在实验室编号后面的中画线后面，可能是3位数，也可能是4位数，所以可以写为(\d{3,4})，和实验室编号连接起来就是jsj(\d{3})-(\d{3,4})；学号可能在座位号的后面，也可能在姓名的后面，所以学号和座位号之间有若干字符(0或多个)，可以用.*匹配，学号本身的规律是以2018开始，后面有6位数，所以学号的正则表达式为(2018\d{6})，和前面的正则表达式连起来为jsj(\d{3})-(\d{3,4}).*(2018\d{6})；因为学号和姓名的位置不确定，不便在一个正则表达式完全表示，所以需要单独写一个表达式来匹配姓名。由于每行数据里面的中文都是姓名，没有别的中文字符，所以用匹配所有中文的的表达式来匹配姓名，其表达式为[\u4e00-\u9fa5]，这是一个字符集，\u表示16进制，4e00-9fa5是一个16进制数的区间，这区间的每个数都对应一个汉字的编码，整个区间就对应所有的汉字编码，+表示匹配1或多次。

数据提取出来后，其余问题就好解决了，文本文件的读取可以用操作的相关函数来处理；格式化输出可以用函数format解决；电子表格数据写入可以用库xlwt的相关函数处理。

［参考代码］

```
import re
import xlwt   #导入电子表格操作库

#向电子表格插入1行数据，sheet为电子表，rows为行号，data为插入的数据，为4个字符串的列表
def write_xls(sheet,rows,data):
    sheet.write(rows,0,data[0])
    sheet.write(rows,1,data[1])
    sheet.write(rows,2,data[2])
    sheet.write(rows,3,data[3])

work=xlwt.Workbook()                          #生成电子表格文件
sheet=work.add_sheet('mysheet')               #添加工作表
sheethead=['实验室编号','座号','学号','姓名']  #电子表格表头
write_xls(sheet,0,sheethead)                  #写入电子表格表头
```

```
    with open('1.txt','r') as file:                  #打开文件 1.txt
        lines=file.readlines()                       #把 1.txt 文件的内容以行为单位
                                                      读取到列表 lines 中
    rows=1                                           #电子表格的行标号
    #正则表达式 p1 匹配实验室编号,座号,学号
    p1=re.compile(r'jsj(\d{3})-(\d{3,4}).*(2018\d{6})')
    p2=re.compile(r'[\u4e00-\u9fa5]+')               #p2 匹配姓名

    for line in lines:                               #遍历行列表 lines
        match1=p1.search(line)                       #匹配正则表达式 p1
        match2=p2.search(line)                       #匹配正则表达式 p2
        #print(match)
        if match1:

            #格式化输出行数据
            print("实验室编号:{:^10}座号:{:^10}学号:{:^16}姓名:{:^12}".format
(match1.group(1),match1.group(2),match1.group(3),match2.group()))

data=[match1.group(1),match1.group(2),match1.group(3),match2.group()] #行
数据
            write_xls(sheet,rows,data)               #写入电子表格行数据
            rows+=1                                  #行标号加一
    work.save('test.xls')                            #将电子表格存为 test.xls
```

[代码分析]

首先导入相关库,定义函数 write_xls,函数功能是向电子表格写入数据,因为后面需要两次向表格写入数据,所以定义一个函数来处理,可以减少代码量;然后通过 xlwt.Workbook()函数生成电子表格文件,通过 add_sheet 函数向文件中添加工作表,定义电子表格头 sheethead,调用函数 write_xls 将表格头写入电子表格文件,然后打开文件1.txt,把文件内容以行为单位读入一个列表 lines,然后定义表格的行数 rows,定义正则表达式 p1,p2(参考前面解题思路分析),然后遍历列表 lines,从中取出每行数据给 line,用正则表达式来匹配 line 里面的数据,如果匹配,就提取相关数据(因为 1.txt 中的数据都能匹配,所以未编写不匹配的情况的代码),通过 print 函数和 format 函数打印输出,定义写入的数据 data(通过匹配对象 match 的 group 函数提取数据),然后再调用函数 write_xls 将 data 写入电子表格文件,遍历完成后,将电子表格文件保存到文件 test.xls 中。

最后,查看运行结果,格式化打印输出如图 9-2 所示。

Excel 文件内容如图 9-3 所示。

实验室编号:	303	座号:	0111	学号:	2018307145	姓名:	陈到明
实验室编号:	403	座号:	0114	学号:	2018307151	姓名:	景天
实验室编号:	603	座号:	0115	学号:	2018307157	姓名:	马景涛
实验室编号:	403	座号:	0116	学号:	2018306108	姓名:	胡一刀
实验室编号:	403	座号:	0117	学号:	2018312018	姓名:	刘备
实验室编号:	601	座号:	0119	学号:	2018307366	姓名:	杨过
实验室编号:	403	座号:	0120	学号:	2018307165	姓名:	姚董
实验室编号:	403	座号:	0121	学号:	2018307364	姓名:	杨文龙
实验室编号:	403	座号:	0124	学号:	2018307365	姓名:	杨文广
实验室编号:	403	座号:	0129	学号:	2018306114	姓名:	梁小龙
实验室编号:	405	座号:	012	学号:	2018307055	姓名:	萧峰
实验室编号:	403	座号:	0136	学号:	2018307074	姓名:	林黛玉
实验室编号:	403	座号:	0138	学号:	2018306243	姓名:	陶晶莹
实验室编号:	605	座号:	0139	学号:	2018307090	姓名:	李易风
实验室编号:	403	座号:	0140	学号:	2018307349	姓名:	李莫愁
实验室编号:	403	座号:	0141	学号:	2018307345	姓名:	罗鹏举
实验室编号:	403	座号:	0143	学号:	2018326034	姓名:	李小龙
实验室编号:	403	座号:	0144	学号:	2018316028	姓名:	谢雨欣
实验室编号:	403	座号:	0145	学号:	2018306001	姓名:	李前方
实验室编号:	403	座号:	0147	学号:	2018306020	姓名:	郭靖
实验室编号:	506	座号:	0148	学号:	2018307096	姓名:	岳飞
实验室编号:	403	座号:	0149	学号:	2018307095	姓名:	王语嫣
实验室编号:	203	座号:	014	学号:	2018307083	姓名:	郑少秋
实验室编号:	403	座号:	0150	学号:	2018307240	姓名:	薛宝钗
实验室编号:	403	座号:	0155	学号:	2018307314	姓名:	貂蝉
实验室编号:	602	座号:	0158	学号:	2018307383	姓名:	黄白涛
实验室编号:	403	座号:	0159	学号:	2018316019	姓名:	徐小凤
实验室编号:	601	座号:	0163	学号:	2018307049	姓名:	蔡文姬
实验室编号:	403	座号:	0165	学号:	2018306046	姓名:	罗成
实验室编号:	403	座号:	0166	学号:	2018318016	姓名:	吕布

图 9-2　格式化打印输出

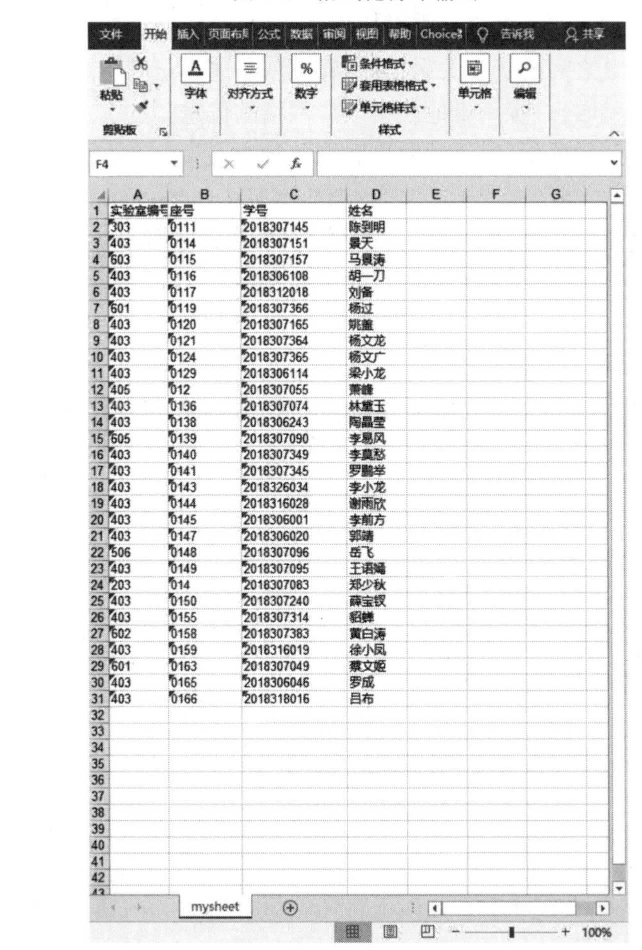

实验室编号	座号	学号	姓名
303	0111	2018307145	陈到明
403	0114	2018307151	景天
603	0115	2018307157	马景涛
403	0116	2018306108	胡一刀
403	0117	2018312018	刘备
601	0119	2018307366	杨过
403	0120	2018307165	姚董
403	0121	2018307364	杨文龙
403	0124	2018307365	杨文广
403	0129	2018306114	梁小龙
405	012	2018307055	萧峰
403	0136	2018307074	林黛玉
403	0138	2018306243	陶晶莹
605	0139	2018307090	李易风
403	0140	2018307349	李莫愁
403	0141	2018307345	罗鹏举
403	0143	2018326034	李小龙
403	0144	2018316028	谢雨欣
403	0145	2018306001	李前方
403	0147	2018306020	郭靖
506	0148	2018307096	岳飞
403	0149	2018307095	王语嫣
203	014	2018307083	郑少秋
403	0150	2018307240	薛宝钗
403	0155	2018307314	貂蝉
602	0158	2018307383	黄白涛
403	0159	2018316019	徐小凤
601	0163	2018307049	蔡文姬
403	0165	2018306046	罗成
403	0166	2018318016	吕布

图 9-3　Excel 文件内容

第 10 章　Python 与网络爬虫

随着网络信息的快速发展,如何在巨大的网络信息中快速提取有用的信息变得越来越重要,网络爬虫正是解决这个问题的关键,而 Python 具有较多的优秀的爬虫相关的库,通过 Python 编写爬虫简单快速。本章主要介绍了爬虫的概念、工作流程、相关基础知识,以及相关的 Python 爬虫库,最后通过一个综合案例介绍编写爬虫的具体流程。

10.1　网络爬虫概述

网络爬虫(又被称为网页蜘蛛、网络机器人),是一种按照一定的规则,自动地抓取万维网信息的程序或者脚本。如果将万维网比作一张网,每个网页就是其中的一个节点,节点之间的连线就是网页之间的链接关系,网络爬虫就是通过访问节点获取信息,并继续通过链接向下一个节点爬取,一步一步地获得整个网络的信息。

网络爬虫主要有两种类型,即通用爬虫和聚焦爬虫。

(1)通用爬虫

通用爬虫是搜索引擎系统(Baidu、Google 等)的重要组成部分。主要目的是将互联网上的网页下载到本地,形成一个互联网内容的镜像备份。

(2)聚焦爬虫

聚焦爬虫是"面向特定主题需求"的一种网络爬虫程序,它与通用搜索引擎爬虫的区别在于:聚焦爬虫在实施网页抓取时会对内容进行处理筛选,尽量保证只抓取与需求相关的网页信息。

1)学习 Python 网络爬虫编程需具备的基础

①熟练掌握 Python 基础。

②至少熟悉一种 Python 网络爬虫库。

③对 HTML、CSS、JavaScript、JSON 有一定了解。

④了解 HTTP(超文本传输协议)的基本原理。

⑤熟悉正则表达式。

⑥具备简单的数据库操作和文件读写能力。

上述①、⑤、⑥部分的内容在本书别的章节已经介绍,②、③、④部分的内容将在本章后续部分介绍。

2)网络爬虫的基本工作流程

(1)发起请求

通过 URL(统一资源定位器,即网址)向目标网站发送 HTTP 请求(即 request)。这一步一般通过爬虫库的函数或对象方法实现,常用爬虫库有 urllib、requests 等。

(2)获取响应的内容

如果服务器能正常响应,会返回一个 HTTP 响应(response),其内容可能是网页 HTML,Json 格式数据,二进制数据等;否则,会返回异常信息,爬虫应该根据异常信息的不同进行相应的善后处理。

(3)解析内容

解析服务器的响应内容(response),提取与需求相关的信息。这一步一般需要使用解析库结合正则表达式来完成,常用解析库有 BeautifulSoup、XPath 等。

(4)存储数据

将第(3)步提取的信息存储起来以备后用,可以在存为文本后再存至数据库,或者存为特定格式的文件。

(5)数据展示

爬虫爬取的数据多是一些数字,直接看这些数据不直观,不容易理解,这就需要将数据进行处理,以人们更容易理解的方式展示出来,比如制作成表格,或是根据数据绘制成图表等。

3)Python 编写网络爬虫的优点

①语言简洁,简单易学,使用起来得心应手。编写一个良好的 Python 程序就感觉像是在用英语写文章一样,尽管这个英语的要求非常严格! Python 的这种伪代码本质是它最大的优点之一。它使你能够专注于解决问题而不是去搞明白语言本身。

②使用方便,不需要笨重的 IDE。Python 只需要一个 sublimetext 或者是一个文本编辑器,就可以进行大部分中小型应用的开发了。

③功能强大的爬虫框架 Scrapy。Scrapy 是一个为了爬取网站数据,提取结构性数据而编写的应用框架。可以应用在包括数据挖掘、信息处理或存储历史数据等一系列的程序中。

④强大的网络支持库以及 html 解析器,利用网络支持库 requests,编写较少的代码,就可以下载网页。利用网页解析库 BeautifulSoup,可以方便地解析网页各个标签,再结合正则表达式,方便地抓取网页中的内容。

⑤十分擅长做文本处理字符串处理。Python 包含了常用的文本处理函数,支持正则表达式,可以方便地处理文本内容。

10.2 相关基础知识

学习网络爬虫需要掌握的基础知识较多,本节主要介绍 HTML、CSS、JavaScript、JSON、HTTP 方面的内容,由于篇幅有限,相应内容只作简单的介绍,如果想深入学习相关内容,请参考对应的教材。

10.2.1 HTML 标记语言和 CSS

1)HTML 标记语言

HTML(Hypertext Markup Language,超文本标记语言)是一种文本类、解释执行的标记语言,用于编写要通过 WWW 显示的超文本文件,称为 HTML 文件,也称 Web 页面或网页,扩展名为.html 或.htm。HTML 文件的组成包含两部分内容:一是 HTML 标记;二是 HTML 标记所设置的内容。

一个 HTML 文件基本的结构如下:

```
<! DOCTYPE html>//文档的说明
<html>//标记文档的开始和结束
<head>//文档的头部
<title>Title</title>//标题标记
</head>
<body>//文档主体

</body>
</html>
```

第一行为这个文档的类型声明。文档类型声明用于宣告后面的文档标记遵循哪个标准。<html>标签为双标签,用以标记文档的开始和结束即<html>标记文件的起始位置,</html)>标文档的终止位置。<html>标签内容由两部分组成,第一部分为头部标签<head>,在头部标签内又主要有<meta>标签和<title>标签,<meta>标签是单标签,一般用来定义页面信息的名称、关键字等,其提供的信息是用户不可见的,而<title>标签为 HTML 文件的标题。其显示在浏览器的标题栏,用以说明文件的用途。第二部分为网页的主体。在编辑网页时把内容直接添加到<body>与</body>之间即可。在 HTML 中,一个 HTML 头页面中可以有多个 meta 元素。标签名不区分大小写,<HTML>、<Html>和<html>作用一样。

常见 html 标签见表 10-1。

表 10-1 常见 html 标签

标 签	描 述
<! --...-->	定义注释
<! DOCTYPE>	定义文档类型
<a>	定义超文本链接
<b>	定义文本粗体
<body>	定义文档的主体
 	定义换行
<col>	定义表格中一个或多个列的属性值

续表

标　签	描　述
<div>	定义文档中的分区或节
<font>	定义文字的字体、尺寸和颜色
<form>	定义了 HTML 文档的表单
<frame>	定义框架集的窗口或框架
<frameset>	定义框架集
<h1>to <h6>	定义 HTML1—6 级标题
<head>	定义关于文档的信息
<hr>	定义水平线
<html>	定义 HTML 文档
<iframe>	定义内联框架
<img>	定义图像
<li>	定义列表的项目
<link>	定义文档与外部资源的关系
<meta>	定义关于 HTML 文档的元信息
<ol>	定义有序列表
<p>	定义段落
<pre>	定义预格式文本
<script>	定义客户端脚本
<span>	定义文档中的节，组合文档中的行内元素
<style>	定义文档的样式信息
<table>	定义表格
<td>	定义表格中的单元
<title>	定义文档的标题
<tr>	定义表格中的行

网络爬虫操作的主要目标是 HTML 文件，要从网页中提取信息，需要熟悉常见的 HTML 标记。

2) CSS

CSS 又称层叠样式表(Cascading Style Sheets)，是一种用来表现 HTML 样式的计算机语言。CSS 定义如何显示 HTML 元素，通常存储在样式表中，解决了内容与表现分离的问题，极大地提高了工作效率。CSS 不仅可以静态地修饰网页，还可以配合各种脚本语言动态地对网页各元素进行格式化。

HTML 和 CSS 的关系:HTML 描述了网页的内容,CSS 描述了网页的布局和外观。

10.2.2 JavaScript 语言和 JSON

1)JavaScript 语言

JavaScript 是一种解释性脚本语言,被广泛用于 Web 应用开发,常用来为网页添加各式各样的动态功能,为用户提供更流畅美观的浏览效果,为 Web 页面添加交互行为。通常 JavaScript 脚本是通过嵌入在 HTML 中来实现自身的功能的,但也可写成单独的 js 文件,这样有利于结构和行为的分离。JavaScript 可以跨平台使用,可以在多种平台下运行(如 Windows、Linux、Mac、Android、iOS 等)。

JavaScript 脚本语言同其他语言一样,有它自身的基本数据类型、表达式和算术运算符及程序的基本程序框架。JavaScript 提供了 4 种基本的数据类型和两种特殊数据类型用来处理数据和文字。而变量提供存放信息的地方,表达式则可以完成较复杂的信息处理。

2)JSON

JSON(JavaScript Object Notation)是一种轻量级的数据交换格式,以文本格式来存储和表示数据。虽然 JSON 使用 JavaScript 语法来描述数据对象,但 JSON 是独立于语言和平台的,很多编程语言(Java、Python、C#)编程语言都支持 JSON。JSON 结构清晰简洁,易于人们阅读和编写,同时也易于机器解析和生成。目前 JSON 已成为网页数据交换的主要格式。

JavaScript 描述网页的行为,JSON 描述网页之间数据交换的格式。

10.2.3 HTTP 协议工作原理

HTTP 协议定义 Web 客户端如何从 Web 服务器请求 Web 页面,以及服务器如何把 Web 页面传送给客户端。HTTP 协议采用了请求/响应模型。客户端向服务器发送一个请求报文,请求报文包含请求的方法、URL、协议版本、请求头部和请求数据。服务器以一个状态行作为响应,响应的内容包括协议的版本、成功或者错误代码、服务器信息、响应头部和响应数据。

HTTP 协议采用 URL 作为定位网络资源的标识符。URL 格式如下:

http://host[:post][path]

host:合法的 Internet 主机域名或 ip 地址

port:端口号,缺省为 80

path:请求资源的路径

HTTP 协议工作流程如下所述。

①客户端连接到 Web 服务器,一个 HTTP 客户端,通常是浏览器与 Web 服务器的 HTTP 端口(默认为 80)建立一个 TCP 套接字连接。

②建立连接后，客户端向 Web 服务器发送一个文本的请求报文(request)，一个请求报文由请求行、请求头部、空行和请求数据 4 部分组成。

③服务器接受请求并返回 HTTP 响应(response)，服务器接到请求后，解析请求，定位请求资源，并将资源复本写到 TCP 套接字，作为 HTTP 响应返回给客户端。一个响应由状态行、响应头部、空行和响应数据 4 部分组成。

④客户端浏览器解析 HTML 内容，客户端浏览器首先解析状态行，查看表明请求是否成功的状态代码，然后解析每一个响应头，最后读取响应数据 HTML，根据 HTML 的语法对其进行格式化，并在浏览器窗口中显示。

⑤释放 TCP 连接，若 connection 模式为 close，则服务器主动关闭 TCP 连接，客户端被动关闭连接，释放 TCP 连接；若 connection 模式为 keepalive，则该连接会保持一段时间，在该时间内可以继续接收请求。

如果在以上过程中的某一步出现错误，那么产生错误的信息将返回到客户端，通过客户端浏览器输出。对于用户来说，这些过程是由 HTTP 自己完成的，用户只需要使用鼠标点击，等待信息显示就可以了。

1)HTTP 请求

HTTP 请求是指客户端通过发送 HTTP 请求向服务器请求对资源的访问。它向服务器发送一个文本的请求报文，也就是请求信息。

HTTP 请求由 3 部分组成：请求行、请求头和请求正文。

(1)请求行

请求行由请求方法、URL、协议/版本 3 部分组成，以空格分隔，以回车换行结尾。格式为："请求方法 URL　协议/版本"。

例如：GET /index.html HTTP/1.1

在上面的请求行中，GET 为请求方法，/index.html 为 URL，HTTP/1.1 为协议/版本。

在 HTTP 协议中，HTTP 请求可以使用多种请求方法，这些方法指明了要以何种方式来访问 URI(Uniform Resource Identifiers，统一资源标识符)所标识的资源。HTTP1.1 支持的请求方法见表 10-2。

表 10-2　HTTP1.1 支持的请求方法描述

方　法	描　述
GET	请求指定的页面信息，并返回实体主体
HEAD	类似于 GET 请求，只不过返回的响应中没有具体的内容，用于获取报头
POST	向指定资源提交数据进行处理请求(例如提交表单或者上传文件)，数据被包含在请求体中
PUT	从客户端向服务器传送的数据取代指定的文档的内容
DELETE	请求服务器删除指定的页面

续表

方　法	描　述
CONNECT	HTTP/1.1 协议中预留给能够将连接改为管道方式的代理服务器
OPTIONS	允许客户端查看服务器的性能
TRACE	回显服务器收到的请求,主要用于测试或诊断
PATCH	是对 PUT 方法的补充,用来对已知资源进行局部更新

常用的请求方法是 GET 和 POST。

(2)请求头

请求头包含的信息:

Accept:指客户端浏览器可以接受的 MIME 文件格式。

User-Agent:指客户端浏览器名称。

Host:对应网址 URL 中的主机名称和端口号。

Accept-Langeuage:指浏览器可以接受的语言种类。

connection:描述服务器是否可以维持固定的 HTTP 连接。

Cookie:用来向服务器发送 Cookie。

Referer:表明产生请求的网页 URL。

Content-Type:用来表明 request 的内容类型。

Accept-Charset:指出浏览器可以接受的字符编码。

Accept-Encoding:指出浏览器可以接受的编码方式。

(3)请求正文

请求正文详见例 10-1。

【例 10-1】　一个完整的 HTTP 请求报文。

```
1  GET /index.html HTTP/1.1
2  Accept: text/html,application/xhtml+xml,application/xml
3  Accept-Language:zh-cn
4  Connection:Keep-Alive
5  Host:localhost
6  User-Agent: Mozilla/5.0 (Windows NT 5.1; rv:10.0.2)
7  Accept-Encoding:gzip,deflate
8
9  username=test & password=1234
```

第 1 行为 http 请求行,包含方法、URL 和 http 版本。

第 2~7 行为请求头,包含浏览器、主机、接受的编码方式和压缩方式等内容。

第 8 行表示一个空行,表示请求头结束,这个空行是必需的。

第9行是请求正文数据,以键值对传递请求参数。

2)HTTP 响应

在接收和解释请求消息后,服务器会返回一个 HTTP 响应消息。与 HTTP 请求类似,HTTP 响应也是由3个部分组成,分别是状态行、响应头和响应正文。

(1)状态行

状态行由协议版本、数字形式的状态代码及相应的状态描述组成,各元素之间以空格分隔,结尾时回车换行符,格式为:“报文协议及版本　状态码　状态描述”。

例如:HTTP/1.1 200 OK

在上面的状态行中,HTTP/1.1 为报文协议及版本,200 为状态码,OK 为状态描述。

状态代码由3位数字组成,表示请求是否被理解或被满足,状态描述给出了关于状态码的简短的文字描述。状态码的第一个数字定义了响应类别,后面两位数字没有具体分类。第一个数字有5种取值,见表10-3。

表10-3　常用状态码

状态码	描　述
1××	指示信息,表示请求已接收,继续处理
2××	成功,表示请求已被成功接收、理解、接受
3××	重定向,要完成请求必须进行更进一步的操作
4××	客户端错误,请求有语法错误或请求无法实现
5××	服务器端错误,服务器未能实现合法的请求

常见状态代码、状态描述、说明:

```
200 OK                      //客户端请求成功
400 Bad Request             //客户端请求有语法错误,不能被服务器所理解
401 Unauthorized            //请求未经授权
403 Forbidden               //服务器收到请求,但拒绝提供服务
404 Not Found               //请求资源不存在,eg:输入了错误的 URL
500 Internal Server Error   //服务器发生不可预期的错误
503 Server Unavailable      //服务器当前不能处理客户端的请求
```

(2)响应头

响应头包含服务器类型、日期、长度、内容类型等。

(3)响应正文

响应正文一般就是服务器返回的 HTML 页面。

【例10-2】　一个完整的 HTTP 响应报文。

```
1  HTTP/1.1 200 OK
2  Date: Sun, 17 Mar 2013 08:12:54 GMT
```

```
3  Server：Apache/2.2.8（Win32）PHP/5.2.5
4  X-Powered-By：PHP/5.2.5
5  Set-Cookie：PHPSESSID=c0huq7pdkmm5gg6osoe3mgjmm3；path=/
6  Expires：Thu，19 Nov 1981 08:52:00 GMT
7  Cache-Control：no-store，no-cache，must-revalidate，post-check=0，pre-check=0
8  Pragma：no-cache
9
10  Content-Length：4393  Keep-Alive：timeout=5，max=100
11  Connection：Keep-Alive
12  Content-Type：text/html；charset=utf-8</p><p>
13  <html>
14  <head>
15  <title>HTTP 响应示例<title>
16  </head>
17  <body>
18  Hello HTTP！
19  </body>
20  </html>
```

第 1 行为 http 响应状态行，包含方法、URL 和 http 版本。

第 2—12 行为响应头，包含服务器类型、日期、长度、内容类型等。第 13—20 行为响应正文，就是服务器返回的 HTML 网页。

10.3 相关库介绍

10.3.1 urllib 库概述

urllib 是 Python 内置的标准库模块，不需要额外安装即可使用，urllib 包含 4 个模块，见表 10-4。

表 10-4 常用 urllib 模块

urllib.request	HTTP 请求模块
urllib.error	异常处理模块
urllib.parse	解析模块，解析 URL 资源，如网页等
urllib.robotparser	解析模块，解析网站的 robots.txt 文件

在 Python 爬虫编程中，一般用 request 模块生成和发送 HTTP 请求，用 error 模块进行一些异常处理，而网页内容解析一般用 BeautifulSoup 库结合正则表达式来完成，一般不直

接使用 parse 来解析网页,而 robotparser 模块用得较少。所以本节重点介绍 urllib.request 和 urllib.error 模块。

1) urllib.request 模块

使用 request 模块可以方便地生成并发送 http 请求(request),并得到 HTTP 响应(Response)。下面介绍常用函数 urlopen 和对象 Request。

函数 urlopen 的生成 HTTP 请求并建立连接,如果建立连接成功,会返回一个 Response 对象(http 响应对象)。urlopen 函数的格式为:

urllib.request.urlopen(url, data=None, [timeout,]*, cafile=None, capath=None, cadefault=False, context=None)

第一个参数 url 是一个表示网址的字符串或一个 Request 对象,为必填参数,其他的都是可选参数;

第二个参数 data 是设置发送求请需要传递的数据;

第三个参数 timeout 是设置请求超时的时长;

后面几个参数基本不用,保持默认值就可以了。

Request 对象就是一次 HTTP 请求,Request 对象是通过 Request 类的构造函数 Request 生成的,构造函数 Request 就是构造 HTTP 请求的,构造函数 Request 格式如下:

urllib.request.Request(url, data=None, headers={}, origin_req_host=None, unverifiable=False, method=None)

第一个参数 url 是一个表示网址的字符串,是必填参数,其他的都是可选参数。

第二个参数 data 是设置发送求请需要传递的数据;如果要传必须传 bytes(字节流)类型的,如果是一个字典,可以先用 urllib.parse 模块里的 urlencode() 编码。

第三个参数 headers 是 http 请求的请求头,是一个字典格式的数据,请求头最常见的用法就是通过修改 User-Agent 来伪装浏览器,默认的 User-Agent 是 Python-urllib,用户可以通过修改它来伪装浏览器。

第四个参数 origin_req_host 指的是请求方的 host 名称或者 IP 地址。

第五个参数 unverifiable 指的是这个请求是否是无法验证的,默认为 False。

第六个参数 method 是 http 请求使用的方法,就是 HTTP 协议中的方法,如 GET、POST、PUT 等。

函数 urlopen 有两种使用方法,一是直接传一个网址给参数 url,然后建立连接;二是传一个 Request 对象给参数 url,然后通过 Request 对象建立连接。如果需要使用一些高级功能(如操作系统伪装、浏览器伪装),就需要使用第二种方法。下面通过两个例子说明两种方法的区别。

【例 10-3】 函数 urlopen 的第一种用法。

```
import urllib                                      #导入 urllib
response = urllib.request.urlopen('http://httpbin.org')#发送 http 请求,建立连接,
                                                    返回 http 响应
print(response.read().decode('utf-8'))             #打印 http 响应内容
```

运行结果如图 10-1 所示。

```
<!DOCTYPE html>
<html lang="en">

<head>
    <meta charset="UTF-8">
    <title>httpbin.org</title>
    <link href="https://fonts.googleapis.com/css?family=Open+Sans:400,700|Source+Code+Pro:300,600|Titillium+Web:400,600,700"
        rel="stylesheet">
    <link rel="stylesheet" type="text/css" href="/flasgger_static/swagger-ui.css">
    <link rel="icon" type="image/png" href="/static/favicon.ico" sizes="64x64 32x32 16x16" />
    <style>
        html {
            box-sizing: border-box;
            overflow: -moz-scrollbars-vertical;
            overflow-y: scroll;
        }

        *,
        *:before,
        *:after {
            box-sizing: inherit;
        }

        body {
            margin: 0;
            background: #fafafa;
        }
    </style>
</head>

<body>
    <a href="https://github.com/requests/httpbin" class="github-corner" aria-label="View source on Github">
        <svg width="80" height="80" viewBox="0 0 250 250" style="fill:#151513; color:#fff; position: absolute; top: 0; border: 0; right: 0;"
            aria-hidden="true">
            <path d="M0,0 L115,115 L130,115 L142,142 L250,250 L250,0 Z"></path>
            <path d="M128.3,109.0 C113.8,99.7 119.0,89.6 119.0,89.6 C122.0,82.7 120.5,78.6 120.5,78.6 C119.2,72.0 123.4,76.3 123.4,76.3 C12
7.3,80.9 125.5,87.3 125.5,87.3 C122.9,97.6 130.6,101.9 134.4,103.2"
                fill="currentColor" style="transform-origin: 130px 106px;" class="octo-arm"></path>
            <path d="M115.0,115.0 C114.9,115.1 118.7,116.5 119.8,115.4 L133.7,101.6 C136.9,99.2 139.9,98.4 142.2,98.6 C133.8,88.0 127.5,74.4
143.8,58.0 C148.5,53.4 154.0,51.2 159.7,51.0 C160.3,49.4 163.2,43.6 171.4,40.1 C171.4,40.1 176.1,42.5 178.8,56.2 C183.1,58.6 187.2,61.8 190.
9,65.4 C194.5,69.0 197.7,73.2 200.1,77.6 C213.8,80.2 216.3,84.9 216.3,84.9 C212.7,93.1 206.9,96.0 205.4,96.6 C205.1,102.4 203.0,107.8 198.3,
```

图 10-1　例 10-3 运行结果

从运行结果看出,urlopen 函数与网站成功建立连接,并获取到网站的 html 文档。

【例 10-4】　函数 urlopen 的第二种用法。

```
from urllib import request, parse #从 urllib 导入 request 和 parse
url = 'http://httpbin.org/post'
headers = {                                    #构造头文件伪装浏览器
    "User-Agent": "Mozilla/5.0 (compatible; MSIE 9.0; Windows NT 6.1)"
}
data = {                                       #定义 data 参数
    'number': '007'
}
data1= bytes(parse.urlencode(data), encoding='utf8')#将参数 data 转成字节流格式
                                               #生成 Request 对象,用 POST 方法发送请求
req = request.Request(url=url, data=data1, headers=headers, method='POST')
response = request.urlopen(req)                #通过 Request 对象建立连接
```

```
print(response.read().decode('utf-8'))                #打印 http 响应内容
```

运行结果如图10-2所示。

```
{
  "args": {},
  "data": "",
  "files": {},
  "form": {
    "number": "007"
  },
  "headers": {
    "Accept-Encoding": "identity",
    "Content-Length": "10",
    "Content-Type": "application/x-www-form-urlencoded",
    "Host": "httpbin.org",
    "User-Agent": "Mozilla/5.0 (compatible; MSIE 9.0; Windows NT 6.1)",
    "X-Amzn-Trace-Id": "Root=1-5fa7670c-678446b302953f6f2319d02a"
  },
  "json": null,
  "origin": "27.9.84.123",
  "url": "http://httpbin.org/post"
}
```

图10-2　例10-4运行结果

从运行结果可以看出,程序成功设置了data和User-Agent。

2)urllib.error模块

urllib.error模块为urllib.request所引发的异常定义了异常类。常用异常处理类为URLError和HTTPError,URLError是OSERROR的子类,HTTPError是URLError的子类。

URLError封装由网络引起的错误信息,包括url错误,属性reason表示错误的原因。

HTTPError封装由服务器返回错误状态码的错误信息。HTTPError有3个属性,属性code是指HTTP状态码,属性reason表示错误的原因,属性headers是指导致HTTPError的特定HTTP请求的HTTP响应头。

如果想同时处理HTTPError和URLError两类异常,需要将HTTPError放在URLError的前面,因为HTTPError是URLError的一个子类,URLError放在前面,出现HTTP异常会先捕获URLError,这样就捕获不到HTTPError错误信息了。

【例10-5】　用error模块处理异常。

```
from urllib import request
from urllib import error
url = 'http://www.douyuppp.com/hhkkkkk.htm'
try:
    res = request.Request(url)
    response = request.urlopen(res)
    print(response.read().decode())

except error.HTTPErroras e1:
    print("捕获 HTTPError:",e1)
```

```
        print(e1.code)
        print(e1.reason)
        print(e1.headers)

    except error.URLErroras e2:
        print("捕获 URLError:",e2)
        print(e2.reason)
```

[运行结果]

```
捕获 URLError: <urlopen error [Errno 11001] getaddrinfo failed>
[Errno 11001] getaddrinfo failed
```

从程序运行结果看,程序捕获了 URLError 异常,异常原因是"getaddrinfo failed",就是获取服务器地址信息失败,这是因为程序给了一个错误的服务器地址。

下面将服务器改为正确的地址后,再看看运行结果:

```
捕获 HTTPError: HTTP Error403: Forbidden
403
Forbidden
Server: Tengine
Content-Type: text/html; charset=utf-8
Transfer-Encoding: chunked
Connection: close
Vary: Accept-Encoding
Strict-Transport-Security: max-age=86400
Date: Mon, 09 Nov 2020 02:04:49 GMT
Vary: Accept-Encoding
Ali-Swift-Global-Savetime: 1604887489
Via: cache26. l2et15-1[30, 403-1280, M], cache10. 12et15-1[30, 0], cache10.l2et15-1[32,0], cache25. cn2596[60,403-1280, M], cache12. cn2596 [61,0]
X-Swift-Error: orig response 4XX error
X-Cache: MISS TCP_MISS dirn:-2:-2
X-Swift-SaveTime: Mon, 09 Nov 2020 02:04:49 GMT
X-Swift-CacheTime: 1
X-Swift-Error: orig response 4XX error
c-via: 200
Timing-Allow-Origin: *
EagleId: db99342016048874898921643e
```

从程序运行结果可以看到现在捕获到异常为 HTTPError,异常的 code 为 403,异常原因为 Forbidden(禁止访问),异常的 headers 是运行结果从第四行起到最后一行的内容。这是因为服务器地址虽然对了,但请求的网页 hhkkkkk.htm 是禁止访问的。

10.3.2 requests 库概述

requests 库是在 urllib 的基础上建立的第三方库,提供了很多功能特性,几乎涵盖了所有 web 服务的需求,包括 URL 获取、HTTP 会话、SSL 验证、Cookie 会话、HTTP 代理功能等。requests 功能强大,简单易用,完全可以代替 urllib。初学者建议使用 requests 库,它更容易上手。

因为 requests 是第三方库,使用之前需要先安装,安装命令如下:

```
pip install requests
```

requests 库常用方法见表 10-5。

表 10-5 requests 库常用方法

方 法	说 明
requests.request(method, url, ** kwargs)	构造一个请求,最基本的方法,是下面几个方法的支撑
requests.get(url, params=None, ** kwargs)	获取网页,对应 HTTP 中的 GET 方法
requests.post(url, data=None, json=None, ** kwargs)	向网页提交信息,对应 HTTP 中的 POST 方法
requests.head(url, ** kwargs)	获取 html 网页的头信息,对应 HTTP 中的 HEAD 方法
requests.put(url, data=None, ** kwargs)	向 html 提交数据取代指定的文档的内容,对应 HTTP 中的 PUT 方法
requests.patch(url, data=None, ** kwargs)	向 html 网页提交局部请求修改的请求,对应 HTTP 中的 PATCH 方法
requests.delete(url, ** kwargs)	向 html 提交删除请求,对应 HTTP 中的 DELETE 方法

下面解释一下参数含义:

method: 方法名,对应 HTTP 协议中的几种方法,如 GET、POST 等。

url: 获取 html 的网页的 url。

params: url 中的额外的参数,字典或字节流格式,可选。

** kwargs: 12 个控制访问的参数,均为可选项,如下:

params:字典或字节序列,作为参数增加到 url 中,使用这个参数可以把一些键值对以? key1=value1&key2=value2 的模式增加到 url 中。

data:字典,字节序列或文件对象,作为 request 的内容,与 params 不同的是,data 提交的数据并不放在 url 链接里,而是放在 url 链接对应位置的地方作为数据来存储。

json:JSON 格式的数据,是 HTTP 经常使用的数据格式,作为 request 的内容向服务器提交。

headers:字典,用这个字段来定义 HTTP 访问的 HTTP 头,可以用来模拟任何用户想模拟的浏览器来对 url 发起访问。

cookies:字典或 CookieJar,用来从 http 中解析 cookie。

auth:元组,用来支持 http 认证功能。

files:字典,是用来向服务器传输文件时使用的字段。

timeout: 用于设定超时时间,单位为 s,当发起一个 get 请求时可以设置一个 timeout 时间,如果在 timeout 时间内请求内容没有返回,将产生一个 timeout 的异常。

proxies:字典,用来设置访问代理服务器。

allow_redirects: 开关,表示是否允许对 url 进行重定向,默认为 True。

stream: 开关,指是否对获取内容进行立即下载,默认为 True。

verify:开关,用于认证 SSL 证书,默认为 True。

cert: 用于设置保存本地 SSL 证书路径。

上述所有方法执行完成之后,都会返回一个 Response 对象。

Response 对象代表一次 HTTP 请求的响应,Response 对象包含服务器返回的资源,一般就是一个 HTML 网页,用户需要的信息都在其中,需要通过正则表达式或 HTML 解析库从 Response 对象提取需要的内容。Response 对象的常见属性见表 10-6。

表 10-6 Response 对象的常见属性

属 性	说 明
status_code	HTTP 请求返回状态码,200 表示成功
text	HTTP 响应内容的字符串形式,即 url 对应的页面内容
encoding	从 HTTP 的 header 中猜测的响应内容的编码方式
apparent_encoding	从内容中分析响应内容的编码方式(备选编码方式)
content	HTTP 响应内容的二进制形式

Response 对象的常见方法见表 10-7。

表 10-7 Response 对象的常见方法

方 法	说 明
json()	解析 HTTP 响应中的 JSON 格式的数据
raise_for_status()	http 请求未成功响应(也就是 status_code 不是 200)时抛出异常

requests 库常见的异常见表 10-8。

表 10-8 requests 库常见的异常

异 常	说 明
requests.ConnectionError	网络连接异常,如 DNS 查询失败,拒绝连接等
requests.HTTPError	HTTP 错误异常
requests.URLRequired	URL 缺失异常
requests.TooManyRedirects	超过最大重定向次数,产生重定向异常
requests.ConnectTimeout	连接远程服务器超时异常
requests.Timeout	请求 URL 超时,产生超时异常

下面通过一个简单例子来介绍怎么使用 requests 库。

【例 10-6】 练习使用 requests 库。

```
import requests
def get_html(url, params=''): #定义方法获取 HTML 网页,参数 params 默认为空
    try:
        res = requests.get(url, params)          #用 get 方法请求数据
        res.raise_for_status()                   #status_code 非 200 时,raise_
                                                  for_status()方法抛出异常
        res.encoding = res.apparent_encoding     #指定编码方式
        return res.text                          #返回 HTTP 响应的字符串格式
    except requests.HTTPErroras e:               #捕获 requests.HTTPError
        print("异常:",e)                          #打印异常信息
        return "raise exception"

url = "http://httpbin.org/get"
data={'name':'test'}
print(get_html(url,data))
```

[运行结果]

```
{
  "args": {
    "name": "test"
  },
  "headers": {
    "Accept": "*/*",
    "Accept-Encoding": "gzip, deflate",
```

```
        "Host": "httpbin.org",
        "User-Agent": "python-requests/2.22.0",
        "X-Amzn-Trace-Id": "Root=1-5fa91704-25e5d80b65ed27bc62692e88"
    },
    "origin": "183.230.226.158",
    "url": "http://httpbin.org/get? name=test"
}
```

从运行结果可以看出,设置的 data 参数成功了。如果把程序中 url 的值改为“http://httpbin.org/post”,而 get_html 函数中使用的是 get 方法,网址“http://httpbin.org/post”只允许 post 方法访问,这时 raise_for_status()方法会抛出 HTTPError 异常,程序捕捉到这个异常并打印出来,运行结果如图 10-3 所示。

```
异常: 405 Client Error: METHOD NOT ALLOWED for url: http://httpbin.org/post?name=test
raise exception
```

图 10-3 例 10-6 运行结果

10.3.3 BeautifulSoup 库概述

BeautifulSoup 库是 Python 的一个第三方库,主要功能就是从 HTML 或 XML 文件提取所需的数据。BeautifulSoup 库也称 BS4 库,最新版本为 BS4.9。由于 BeautifulSoup 库是第三方库,使用之前需要安装,安装 BeautifulSoup 库命令如下:

pip install beautifulsoup4

BeautifulSoup 支持 Python 标准库中的 HTML 解析器,还支持一些第三方的解析器,表 10-9 列出了主要解析器的使用方法及优点。

表 10-9 主要解析器的使用方法及优点

解析器	使用方法	优　点
Python 标准库 HTML 解析器	BeautifulSoup(markup, "html.parser")	Python 的内置标准库 执行速度适中 文档容错能力强
lxml 解析器	BeautifulSoup(markup, "lxml")	速度快 文档容错能力强
html5lib 解析器	BeautifulSoup(markup, "html5lib")	最好的容错性 以浏览器的方式解析文档 生成 HTML5 格式的文档

Python 标准库中的 HTML 解析器可直接使用,如果使用第三方解析器,需要安装之后才可使用,安装命令为:

pip install lxml 或 pip install html5lib

推荐使用 lxml 解析器,因为效率更高。

BeautifulSoup 将 HTML 文档转换成一个复杂的树形结构,每个节点都是 Python 对象,所有对象可以归纳为 4 种:

①Tag,标签,对应 HTML 中的一个个标签。

②NavigableString,标签内的非属性字符串。

③BeautifulSoup,表示的是一个 HTML 文档的全部内容。

④Comment,表示标签内的注释部分。

已知一网页文件 test.html 内容如下:

```
<! DOCTYPE html>
<html><head><title>This is a test</title></head>
<body>
<p class=" title "><b>测试</b></p>
<p class=" link ">超链接测试<br>
网站<a href=" http://www.baidu.com " class=" lk1 " id=" link1 ">百度</a> and <a
href=" http://www.sina.com.cn " class=" lk2 " id=" link2 ">新浪网</a>测试</p>
</body>
</html>
```

下面通过例子来说明 BeautifulSoup 的用法。

【例 10-7】 练习使用 BeautifulSoup 库。

```
import re
from bs4 import BeautifulSoup    #从 bs4 库导入 BeautifulSoup 对象
                                 #构造 BeautifulSoup 对象,用 Python 自带 html 解析器
soup = BeautifulSoup( open(' test.html ',encoding=' utf-8 '),' html.parser ')
print(' 1:',soup.title)   #通过 BeautifulSoup 对象的属性访问 html 内的 title 标签
print(' 2:',soup.find(' title '))   #在 find 方法中通过标签名访问 html 内的 title 标签
print(' 3:',soup.find_all(' title '))   #在 find_all 方法中通过标签名访问 html 内的 title 标签
print(' 4:',soup.find_all( id=' link1 '))#在 find_all 方法中通过 id 访问 html 内的 id=link1 标签

#在 find_all 方法中通过正则表达式访问 html 内的标签,查找 HTML 中以 a 开头的标签
print(' 5:',soup.find_all( re.compile("^a ")))
```

运行结果如图 10-4 所示。

```
1: <title>This is a test</title>
2: <title>This is a test</title>
3: [<title>This is a test</title>]
4: [<a class="lk1" href="http://www.baidu.com" id="link1">百度</a>]
5: [<a class="lk1" href="http://www.baidu.com" id="link1">百度</a>, <a class="lk2" href="http://www.sina.com.cn" id="link2">新浪网</a>]
```

图 10-4 例 10-7 运行结果

上述程序首先导入正则表达式库 re，从 bs4 库导入 BeautifulSoup 对象，通过 BeautifulSoup 对象构造函数 BeautifulSoup 构造一个 BeautifulSoup 对象，BeautifulSoup 对象的内容是根据 test.html 网页内容，由 Python 内置的 HTML 解析器'html.parser'解析得到的解析树。最后五行代码是用不同的方法从 BeautifulSoup 对象中提取需要的内容。

第一种方法是通过 BeautifulSoup 对象的属性来访问 HTML 的内容，这些属性和 HTML 文档中的标签名一一对应，常见属性有 title、body、head 等。这种方法只能查找到第一个标签，假如用 soup.p，只能找到第一个 p 标签"<p class=" title "><b>测试</b></p>"，不能找到第二个 p 标签"<p class=" link ">超链接测试……"。

后面几种方法都是通过 find 和 find_all 来查找内容，这两个方法的区别主要有两个，一是查找结果范围不同，find 匹配符合要求的第一个元素，find_all 则会匹配符合要求的所有元素；二是返回内容的格式不同，find 直接返回结果，find_all 是把所有的元素放在一个列表里，返回这个列表。

上面的方法都是查找 HTML 文档中的标签，如果需要查询标签内部的一些数据，则需要用到标签对象 Tag 的属性，Tag 的常用属性见表 10-10。

表 10-10　Tag 的常用属性

属　性	说　明
name	字符串，标签名
attrs	字典，标签的所有属性
contents	列表，此标签下所有子标签的内容
string	字符串，标签所包围的文字

【例 10-8】　练习使用标签 Tag 的常用属性。

```
import re
from bs4 import BeautifulSoup #从 bs4 库导入 BeautifulSoup 对象
#构造 BeautifulSoup 对象，用 Python 自带 html 解析器
soup = BeautifulSoup(open(' test.html ',encoding=' utf-8 '),' html.parser ')
tag=soup.find(' a ')        #查找 HTML 中第一个 a 标签
print("标签名:",tag.name)   #打印标签名
print("标签所有属性:",tag.attrs)
print("子标签内容:",tag.contents)
print("标签包围的文字:",tag.string)
```

运行结果如图 10-5 所示。

```
标签名： a
标签所有属性： {'href': 'http://www.baidu.com', 'class': ['lkl'], 'id': 'link1'}
子标签内容： ['百度']
标签包围的文字： 百度
```

图 10-5　例 10-8 运行结果

从程序运行结果看，通过标签的这几个属性，就可以提取标签内部的内容。

上面简单地介绍了 BeautifulSoup 库及其使用方法，如果需要了解更多的使用细节，可以查看官方文档，最新英文版官方文档为 4.9 版，也有中文版，最新中文版为 4.2 版。

10.3.4 Scrapy 库简介

Scrapy 是一个为采集网站数据、提取结构性数据而设计的应用程序框架，它广泛应用于数据挖掘、信息处理或存储历史数据等一系列的程序中。

1）Scrapy 框架架构介绍

Scrapy 框架的架构图如图 10-6 所示。

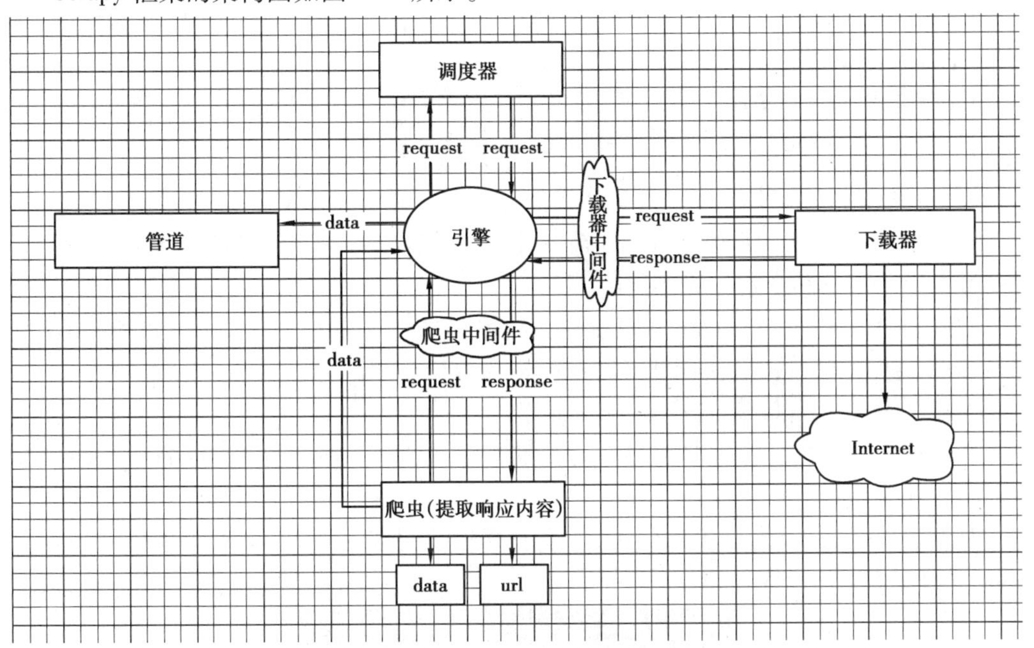

图 10-6 Scrapy 框架的架构图

①引擎（Engine）：是整个框架的核心，负责控制整个系统的数据处理流程，协调调度器、下载器、管道、爬虫和中间件。

②调度器（Scheduler）：接受引擎发过来的请求 request，并将其加入队列中，在引擎再次请求时将请求 request 提供给引擎。

③下载器（Downloader）：接受引擎发来的请求 request，下载对应网页内容，并将下载内容 response 返回给引擎，再由引擎传给爬虫。

④爬虫（Spider）：从引擎获取下载内容 response，用户编写爬虫类定义爬取的逻辑和网页内容的解析规则，爬虫根据解析规则从 response 中解析出数据 data 和 url，由 url 构造新的请求 request，并将这些内容（data 和 request）返回给引擎，引擎再将数据 data 传给管道，将请求 request 传给调度器。

⑤管道（ItemPipeline）：从引擎中获取由爬虫解析出的数据 data，并进行数据清洗，数

据验证和数据持久化(写入数据库或文件中)。

⑥下载器中间件(Downloader Middlewares):处理引擎与下载器之间的数据流(request和response),通过插入自定义代码来扩展Scrapy的功能(比如设置代理,请求头等)。

⑦爬虫中间件(Spider Middlewares):处理引擎与爬虫之间的数据流(request和response),通过插入自定义代码来扩展Scrapy的功能(自定义request请求和response过滤等)。

在上面的7个模块中,引擎、调度器和下载器已经由Scrapy框架实现,爬虫和管道需要用户自己编程实现,下载中间件和爬虫中间件根据用户需要决定是否实现。

2)Scrapy库的安装

Scrapy功能十分强大,依赖较多库,因此需要先安装依赖库,需要安装的依赖库有lxml、pyOpenSSL、Twisted、w3lib和zope.interface,都是用pip命令安装,全部安装完之后,再安装Scrapy,命令如下:

```
pip install 依赖库名
pip install scrapy
```

3)Scrapy库的使用

由于使用Scrapy库需要用到cmd命令,需要先了解下cmd命令使用方法。下面用一个简单的例子来熟悉Scrapy库的用法。

【例10-9】 新建一个Scrapy项目demo,下载百度首页,并把内容写入文本文件test.txt中。

步骤1:创建项目,这里的项目名为demo,命令为:scrapy startproject demo。

步骤2:进入项目目录,命令为:cd demo。

步骤3:创建爬虫,爬虫名为demotest,爬取域为baidu.com,命令为:scrapy genspider demotest baidu.com。

截至目前,用户未编写一句代码,所有目录及文件都是由scrapy创建的,现在来看demo项目文件下的内容,如图10-7所示。

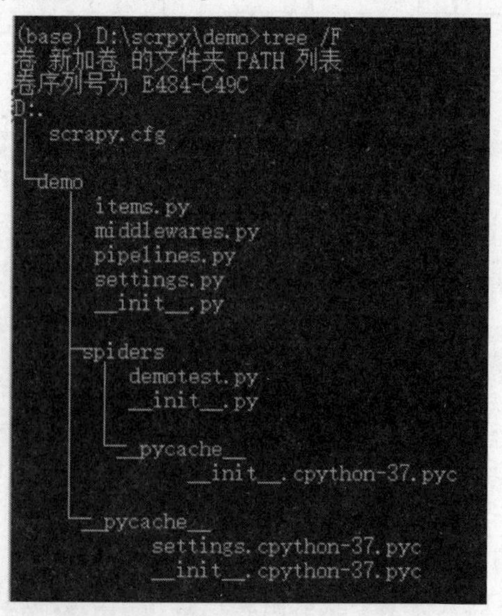

图10-7 demo项目文件下的内容

项目中比较重要的文件见表 10-11。

表 10-11 demo 项目文件中比较重要的文件

文件名	说 明
scrapy.cfg	项目的配置信息
items.py	定义项目容器类型,用于存储数据
middlewares.py	定义爬虫中间件和下载器中间件
pipelines.py	定义数据处理方法,处理 item 中的数据
settings.py	与爬虫相关的配置信息
spider	放爬虫代码的目录
demotest.py	爬虫文件

结合 Scrapy 架构图的 7 个模块,管道(ItemPipeline)对应两个文件(items.py 和 pipelines.py),item.py 为数据容器,pipelines.py 为数据处理;spider 目录对应爬虫模块,可以定义多个爬虫文件,每个爬虫处理不同的页面,此项目只有一个爬虫,就是 demotest.py;爬虫中间件和下载器中间件的内容都在文件 middlewares.py 中,如果项目需要编写爬虫中间件或下载器中间件,只需要修改 middlewares.py 文件的相关部分内容。

根据例题的需求,只是下载百度首页,未进行数据提取,所以不用修改和数据处理有关的文件 items.py 和 pipelines.py,也不需要编写中间件,所以只需要修改爬虫文件 demotest.py。

demotest.py 的初始代码如图 10-8 所示。

```
import scrapy


class DemotestSpider(scrapy.Spider):
    name = 'demotest'
    allowed_domains = ['baidu.com']
    start_urls = ['http://baidu.com/']

    def parse(self, response):
        pass
```

图 10-8 demotest.py 的初始代码

只需要删除 parse 方法里面的 pass,写入相应功能的代码,最终代码为:

```
import scrapy
class DemotestSpider(scrapy.Spider):
    name = 'demotest'
    allowed_domains = ['baidu.com']
    start_urls = ['http://baidu.com/']
    def parse(self, response):
        with open('test.txt', 'a') as f:  #新建 test.txt 文件
          # 把访问得到的网页源码写入文件 test.txt
          f.write(response.text)
```

运行结果如图 10-9 所示。

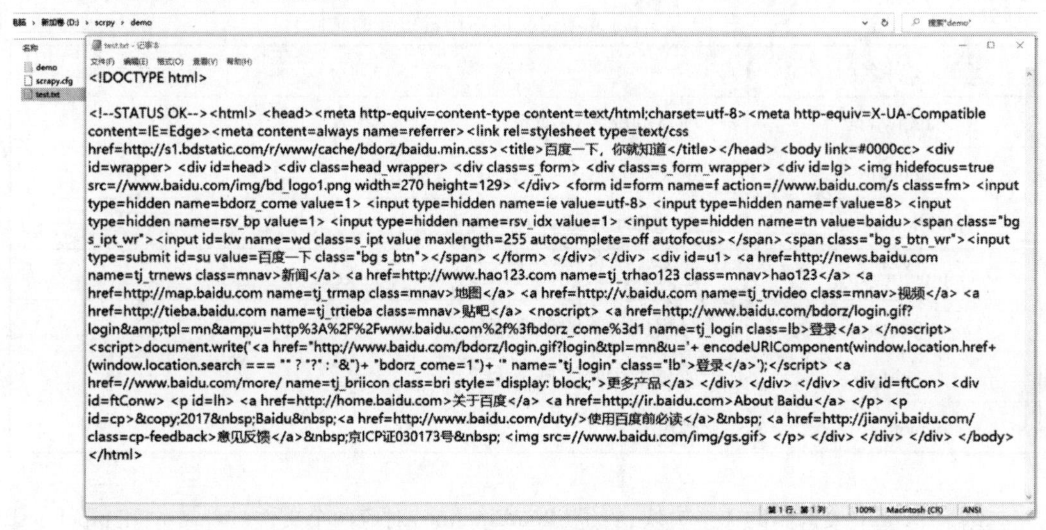

图 10-9　运行结果

上述爬虫程序只写了两句代码，一句是打开 test.txt 文件，一句是把响应内容 response 写入 test.txt 文件，其余的工作都由 Scrapy 完成，这大大减少了程序员的工作量。

从程序运行的结果可以看出，程序成功爬取了百度网的首页，并把网页的内容写入了 text.txt 文件中。

10.4　综合案例

【例 10-10】　编写爬虫程序，要求根据用户输入的起点站、终点站、乘车时间抓取 12306 网站相关车次的相关信息，并将结果格式化输出。

解题思路：打开 12306 网站的首页，随意输入起始站、终点站、乘车日期、单击查询，如图 10-10 所示。

图 10-10　12306 网站查询车次页面

在跳转的新页面打开浏览器的开发者调试窗口(按“F12”键),找到目标 url 地址,如图 10-11 所示。

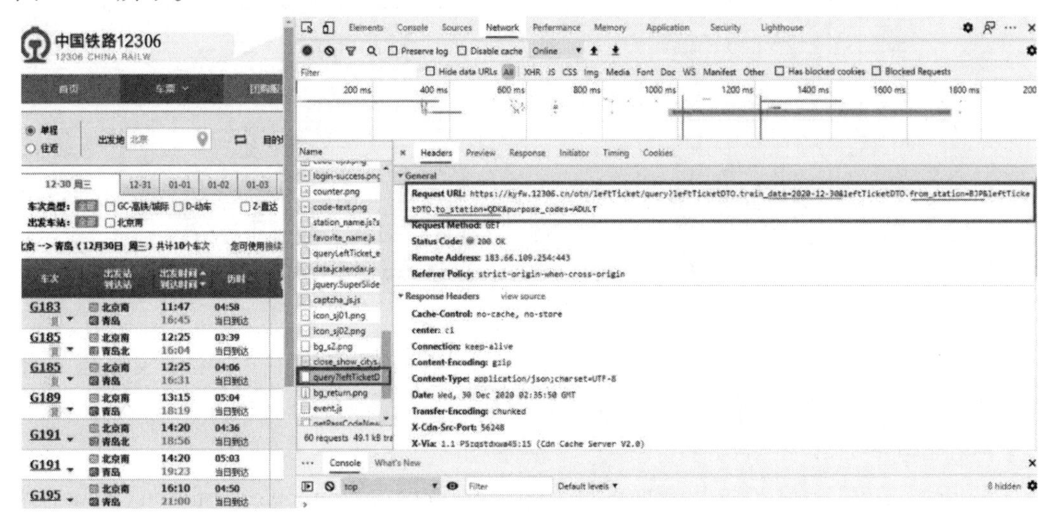

图 10-11　车次列表的 url 地址

注意其中的 3 个字段,train_date = 2020-12-29,from_station = BJP,to_station = QDK,根据刚才输入的参数,可以确定字段 train_date 代表乘车日期,from_station 代表起点站,to_station 代表终点站,BJP 为起点站车站编码,QDK 终点站车站编码。

继续在浏览器的开发者调试窗口查找 station_name 项目,其 url 连接如图 10-12 所示。

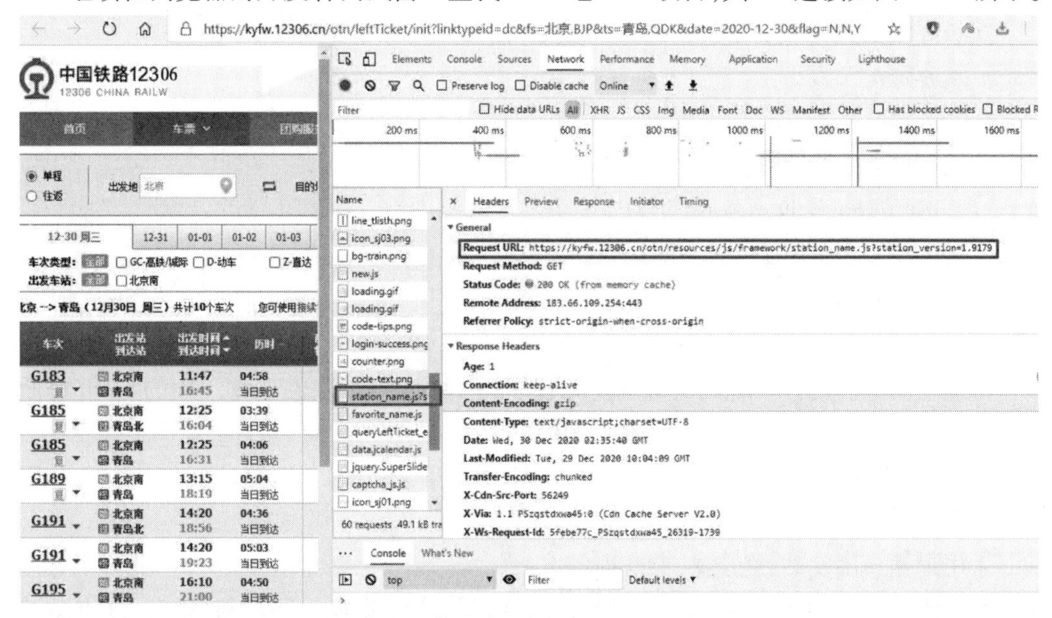

图 10-12　车站列表 url 地址

使用浏览器直接打开 url,截取部分内容如图 10-13 所示。

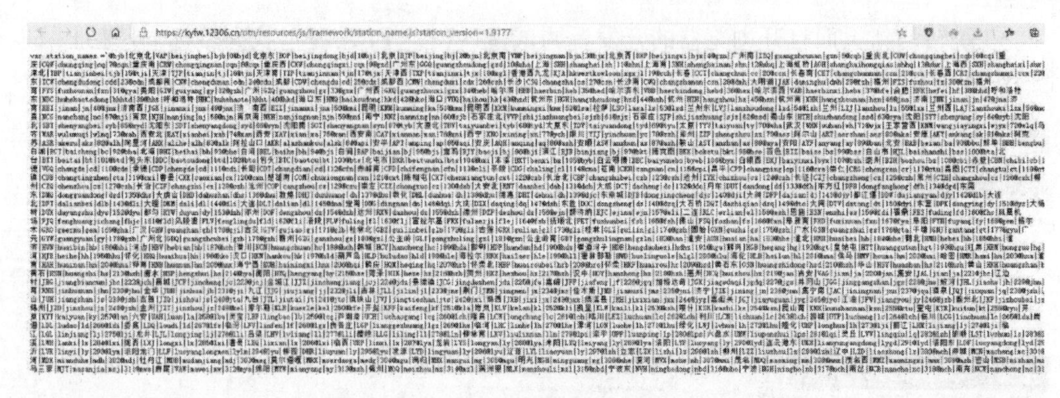

图 10-13　车站原始信息

该文件包含车站中文名和英文编码的对照表等数据，将车站中文名和英文编码的对照表写入 Python 字典中以备后用。其参考代码如下：

```
response =
requests.get("https://kyfw.12306.cn/otn/resources/js/framework/station_name.js?station_version=1.9177")
#将信息头部和尾部删掉
data = response.text.strip("var station_names ='; ")
#使用@符号分割成列表
data_list = data.split("@")[1:]
station_code = {}
#遍历列表
for item in data_list:
    #再次使用|分割
    list_temp = item.split("|")
    #存入字典
    station_code[list_temp[1]] = list_temp[2]
```

继续在浏览器的开发者调试窗口查询 12306 网站返回信息，在 data 下面的 result 里面包含待查始发站和终点站的所有车次相关信息，结果如图 10-14 所示。

至此，用户在 12306 网站查询数据的流程以及获取数据的 url 地址已经确定，整个程序的流程为：

①用户输入出发站、终点站、乘车时间。

②系统将出发站和终点站名称转换为城市编码，然后根据出发站城市编码，终点站城市编码，乘车时间构建 url 地址。

③根据 url 地址爬取数据。

④解析爬取的数据并存入列表中。

图 10-14　车次信息

⑤格式化输出列表里的车次信息。

程序参考代码如下：

```
import requests

#获取车站编码
def get_station_code()：

    response =
    requests.get（" https：//kyfw.12306.cn/otn/resources/js/framework/station_name.js?
station_version=1.9177 "）
    # 将信息头部和尾部删掉
    data = response.text.strip（" var station_names ='；"）
```

```
    # 使用@符号分割成列表
    data_list = data.split("@")[1:]
    #print(data)
    station_code = {}
    # 遍历列表
    for item in data_list:
        # 再次使用|分割
        list_temp = item.split("|")
        # 存入字典
        station_code[list_temp[1]] = list_temp[2]
    return station_code
#print(get_station_code())

#获取 cookie
def init_cookie():
    # 初始化 session
    ticket_request = requests.session()
    res =
ticket_request.get("https://kyfw.12306.cn/otn/leftTicket/init")
    #获取 cookie
    cookies = res.cookies.items()
    cookie_list = []
    #将 cookie 中的数据以键值对的方式写入列表
    for item in cookies:
        cookie_list.append("{}={}".format(item[0], item[1]))
    #将列表内数据构建为 cookie
    cookie = ";".join(cookie_list)
    return cookie

# 获取用户输入起始站终点站和时间等参数,将车站转化为编码做返回
def get_params(station_code):
    from_station = input("输入起始站:\n")
    to_station = input("输入终点站:\n")
    time = input("输入时间,例如:2020-12-20:\n")
    for key,value in station_code.items():
```

```
        if(key == from_station):
            from_station = value
        if(key == to_station):
            to_station = value
    return from_station,to_station,time
#station=get_station_code()
#print(get_params(station))

def get_data():
    #获取 cookie
    cookie=init_cookie()
    #获取车站代码字典
    station_code=get_station_code()
    #获取用户输入参数
    from_station,to_station,time = get_params(station_code)
    #构建 url 参数
    url =
"https://kyfw.12306.cn/otn/leftTicket/query?leftTicketDTO.train_date={}&leftTicketDTO.from_station={}&leftTicketDTO.to_station={}&purpose_codes=ADULT".format(time,from_station,to_station)
    #定义 header 头文件
    header = {"User-Agent":"Mozilla/5.0 (Windows NT 10.0; Win64; x64) AppleWebKit/537.36 (KHTML, like Gecko) Chrome/85.0.4183.83 Safari/537.36",
              "Referer":
"https://kyfw.12306.cn/otn/leftTicket/init",
              "Host":"kyfw.12306.cn",
              "Cookie":cookie}
    #爬取数据
    response = requests.get(url, headers=header)
    return response

#解析数据
def data_parse(data):
    # 将字符串解析 json 转为字典
    tempdata = data.json()
```

```
# 取出字典中列车数据
result=tempdata.get('data').get('result')
#生成车站名称编码对应字典
data_dict=get_station_code()

train=[]
#遍历处理列车数据
for string in result:
    #创建临时列表
    list_temp = []
    # 将字符串类型的列车信息根据'|'分割成列表
    item = string.split("|")
    list_temp.append(item[3]) # 车次
    start = {v: k for k, v in data_dict.items()}[item[6]]#出发站
    end = {v: k for k, v in data_dict.items()}[item[7]]#终点站
    #处理出发站和终点站
    if item[4] == item[6]:
        start = "始" + start
    else:
        start = "过" + start
    if item[5] == item[7]:
        end = "终" + end
    else:
        end = "过" + end
    list_temp.append(start)
    list_temp.append(end)
    list_temp.append(item[8])#发车时间
    list_temp.append(item[9])#到达时间
    list_temp.append(item[10]) # 历时
    list_temp.append(item[32]) # 商务座
    list_temp.append(item[31]) # 一等座
    list_temp.append(item[30]) # 二等座
    list_temp.append(item[21]) # 高级软卧
    list_temp.append(item[23]) # 软卧
    list_temp.append(item[33]) # 动卧
```

```
        list_temp.append(item[28]) # 硬卧
        list_temp.append(item[24]) # 软座
        list_temp.append(item[29]) # 硬座
        list_temp.append(item[26]) # 无座
        # 是否有票
        if item[11] == 'Y':
            list_temp.append("是")
        else:
            list_temp.append("否")
        list_temp.append(item[1]) # 备注信息,可以预订则默认“预定”

        # 将无内容的项填充符号'--'
        for index in range(len(list_temp)):
            if not list_temp[index]:
                list_temp[index] = '--'
        #将车次的信息存入车次列表中
        train.append(list_temp)
    return train

#格式化输出车次信息
def show_info(info):
    #格式化字符串
    style="{0:5}\t{1:8}\t{2:6}\t{3:6}\t{4:6}\t{5:6}\t{6:4}\t{7:4}\t{8:4}\t{9:4}\t{10:4}\t{11:4}\t{12:4}\t{13:4}{14:4}{15:6}{16:6}"
    #输出表头
    print("车次    出发站        到达站      出发时间  到达时间  历时  商务座 一等座 二等座  高级软卧  软卧    动卧    硬卧  软座 硬座 无座是否有票")
    #遍历车次列表读取数据并显示数据
    for i in info:
print(style.format(i[0],i[1],i[2],i[3],i[4],i[5],i[6],i[7],i[8],i[9],i[10],i[11],i[12],i[13],i[14],i[15],i[16],chr(12288)))
        #print()

#主程序
```

```
if __name__ == "__main__":
    #获取数据
    data=get_data()
    #解析数据
    result=data_parse(data)
    #显示数据
    show_info(result)
```

程序运行结果如图 10-15 所示。

```
输入起始站:
重庆
输入终点站:
北京
输入时间，例如: 2020-12-20:
2020-12-28
车次    出发站       到达站       出发时间  到达时间  历时   商务座 一等座 二等座 高级软卧 软卧  动卧  硬卧  软座 硬座 无座是否有票
G574    始重庆西     终北京西     08:40     19:53     11:13  3      12     有     —        —     —     —     —    —    —   是
G310    过重庆北     终北京西     09:25     21:46     12:21  2      9      有     —        —     —     —     —    —    —   是
T10     始重庆西     终北京西     10:01     11:12     25:11  —      —      —      —        18    —     有    —    有   无    是
Z96     始重庆西     终北京西     11:42     10:51     23:09  —      —      —      —        有    —     有    —    有   无    是
Z50     过重庆北     终北京西     14:37     10:03     19:26  —      —      —      —        有    —     有    —    有   无    是
Z4      始重庆北     终北京西     15:21     10:11     18:50  —      —      —      —        无    —     有    —    有   无    是
K508    过重庆西     终北京西     21:00     21:34     24:34  —      —      —      —        16    —     有    —    有   无    是
K590    始重庆       终北京西     22:13     05:18     31:05  —      —      —      —        15    —     有    —    有   无    是
```

图 10-15　程序运行结果

第 11 章　数据分析与绘图基础

在数据分析领域中，Python 语言以其简单易用，并且提供了适用的第三方库和数据分析的完整框架而深受数据分析者的青睐。本章介绍了数据分析流程，Numpy 库，pandas 库以及 matplotlib 库的简单运用的相关知识。

11.1　数据分析基础

11.1.1　数据分析

数据分析是指用适当的统计分析方法对收集来的大量数据进行分析，提取有用信息和形成结论而对数据加以详细研究和概括总结的过程。数据分析的数学基础在 20 世纪早期就已确立，但直到计算机的出现才使得实际操作成为可能，并使得数据分析得以推广。数据分析是数学与计算机科学相结合的产物。

11.1.2　数据分析流程

1）数据收集

一旦具体问题出现，就需要收集相关的数据。本书假设收集的数据能够有效解决实际问题。常见的获取数据方式有下述几种。

（1）数据库或者数据仓库

大多数的企业或者公司的销售数据、用户信息都可以从企业或者公司的数据库中直接获取。

（2）公开数据集

一些研究机构、政府都会定期公布一些数据集。例如：国家统计局每年都会定期发布数据新闻稿。

（3）爬虫

利用爬虫去收集互联网上的数据是最常见的获取数据的方式。

（4）实验

实验室就是利用实验来获取数据的。

2）数据处理

收集到数据后，经过分析发现往往会出现重复数据、空缺数据或者过时数据，针对这种情况,必须进行数据处理。数据处理的基本目的是从大量的、可能是杂乱无章的、难以理解的数据中抽取并推导出对于某些特定的人们来说是有价值、有意义的数据。

3)数据分析

通过数据处理后的数据,再通过数据分析,将数据内部的关系和规律挖掘出来,最后用表格或者图形的方式呈现出来。常见的图形有散点图、折线图、直方图、饼图等。

4)结果展示与运用

数据分析的结果往往以报告的形式展现,数据分析师把数据观点清楚地展现出来是非常重要的,而这些数据有什么样的规律以及如何利用这些规律是值得研究的。

11.2 Numpy 数值运算基础

Numpy 是 Python 的一种开源数值计算模块,主要有多维数组(narray)和矩阵两种数据结构。引用 Numpy 库如下:

```
import numpy as np
```

解释:as 保留字与 import 一起使用,后面的程序用 np 代替 numpy。

11.2.1 创建 ndarray 数组

通过 array()函数把序列对象参数转换为数组。

【例 11-1】 创建一个[2 5 6 7 0]的数组。

[程序代码]

```
import numpy as np                        #导入 Numpy 库
arr1=np.array([2,5,6,7,0])                #创建一维数组 arr1
print(arr1)                               #输出数组 arr1
```

[运行结果]

```
[2 5 6 7 0]
```

【例 11-2】 创建一个二维数组。

[程序代码]

```
import numpy as np                                  #导入 Numpy 库
arr2=np.array([[2,5,6,7,0],[5,62,-1,5,9]])          #创建二维数组 arr2
print(arr2)                                         #输出数组 arr2
```

[运行结果]

```
[[ 2  5  6  7  0]
 [ 5 62 -1  5  9]]
```

数组 arr2 有 2 行 4 列元素,它是一个二维数组。

11.2.2 数组的访问

Numpy 以高效的数组而闻名,主要在于索引功能的强大。

【例 11-3】 找出例 11-1 中 arr1 数组的元素 7 和元素 5,6。

解析:一维数组的索引与 Python 的 list 索引方法是一致的。

[程序代码]

```
import numpy as np                          #导入 Numpy 库
arr1=np.array([2,5,6,7,0])                  #创建一维数组 arr1
print(arr1[3])                              #输出数组 arr1 的元素 7
print(arr1[1:3])                            #输出数组 arr1 的元素 5,6
```

[运行结果]

```
7
[5 6]
```

【例 11-4】 找出例 11-2 中 arr2 数组的元素 62 和元素 7,0。

[程序代码]

```
import numpy as np                          #导入 Numpy 库
arr2=np.array([[2,5,6,7,0],[5,62,-1,5,9]])  #创建二维数组 arr2
print(arr2[1][1])                           #输出数组 arr2 中 1 行 1 列的
元素 62
print(arr2[0][3:5])                         #输出数组 arr2 中 0 行 3 列 4 列
元素 7,0
```

[运行结果]

```
62
[7, 0]
```

11.2.3 数组的修改

【例 11-5】 将数组 arr1 中的元素 0 改为 1。

[程序代码]

```
import numpy as np                          #导入 Numpy 库
arr1=np.array([2,5,6,7,0])                  #创建一维数组 arr1
arr1[4]=1
print(arr1)                                 #输出数组 arr1
```

[运行结果]

```
[2 5 6 7 1]
```

11.2.4 数组的运算

【例 11-6】 将两个数组 arr3=[[-2,4],[1,-2]]和 arr4=[[2,4],[-3,-6]]进行四则混合运算。

[程序代码]

```
import numpy as np                    #导入 Numpy 库
arr3=np.array([[-2,4],[1,-2]])
arr4=np.array([[2,4],[-3,-6]])
print(arr3+arr4)                      #数组相加对应元素相加
print(arr3-arr4)                      #数组相减对应元素相减
print(arr3 * arr4)                    #数组相乘对应元素相乘
print(arr3/arr4)                      #数组相除对应元素相除
```

[运行结果]

```
[[ 0  8]
 [-2 -8]]
[[-4  0]
 [ 4  4]]
[[-4 16]
 [-3 12]]
[[-1.          1.        ]
 [-0.33333333  0.33333333]]
```

二维数组运算的结果还是二维数组,对于不同数组之间的运算采用 ufunc 函数的广播机制。广播(broadcasting)是指不同形状的数组之间执行算术运算的方式。广播机制需要遵循 4 个原则:

①让所有输入数组都向其中 shape 最长的数组看齐,shape 中不足的部分都通过在前面加 1 补齐。

②输出数组的 shape 是输入数组 shape 的各个轴上的最大值。

③如果输入数组的某个轴和输出数组的对应轴的长度相同或者其长度为 1 时,这个数组能够用来计算,否则出错。

④当输入数组的某个轴的长度为 1 时,沿着此轴运算时都用此轴上的第一组值。

【例 11-7】 将数组 arr5=[5,9]与数组 arr3 进行四则运算。

[程序代码]

```
import numpy as np            #导入 Numpy 库
arr5=np.array([1,1])          #创建一维数组 arr1
arr3=np.array([[-2,4],[1,-2]])
print(arr5+arr3)              #输出数组 arr1
```

[运行结果]

```
[[-1  5]
 [ 2 -1]]
```

结果解释:这里面相当于 arr5=[[1,1],[1,1]]广播后进行运算。

11.2.5 运用举例:矩阵的运算

Numpy 的一个非常重要的功能就是矩阵运算,因此 Numpy 在金融领域得到了广泛运用。通过 Numpy 库的 linalg 模块来完成矩阵的计算。为了方便调用该模块的函数,导入该子模块并且用 la 进行命名。

import numpy.linalg as la

【例 11-8】 计算矩阵 $A=\begin{pmatrix}1 & 2 & 3\\ 2 & 2 & 1\\ 3 & 4 & 3\end{pmatrix}$的行列式、转置与逆。

[程序代码]

```
import numpy as np                                #导入 Numpy 库
import numpy.linalg as la                         #导入 linalg 模块
A=np.array([[1,2,3],[2,2,1],[3,4,3]])             #输入矩阵 A
print("A 的转置=",A.T)                            #矩阵 A 的转置,行列互换
B=la.det(A)                                       #将矩阵 A 的行列式存入到 B 中
print("A 的行列式=",B)
C=la.inv(A)                                       #A 的逆矩阵
print("A 的逆矩阵=",C)
```

[运行结果]

```
A 的转置=[[1 2 3]
          [2 2 4]
          [3 1 3]]
A 的行列式= 1.9999999999999993
A 的逆矩阵=[[ 1.   3.   -2. ]
            [-1.5 -3.   2.5]
            [ 1.   1.   -1. ]]
```

【例 11-9】 计算矩阵 $D=\begin{pmatrix}1 & 0 & 3 & -1\\ 2 & 1 & 0 & 2\end{pmatrix}$与矩阵 $E=\begin{pmatrix}4 & 1 & 0\\ -1 & 1 & 3\\ 2 & 0 & 1\\ 1 & 3 & 4\end{pmatrix}$的点积。

[程序代码]

```
import numpy as np                                #导入 Numpy 库
```

```
D=np.array([[1,0,3,-1],[2,1,0,2]])                         #输入矩阵 D
E=np.array([[4,1,0],[-1,1,3],[2,0,1],[1,3,4]])  #输入矩阵 E
F=np.dot(D,E)                                               #将矩阵 D 与矩阵 E 的点积赋值给 F
print(F)
```

[运行结果]

```
[[ 9 -2 -1]
 [ 9  9 11]]
```

【例 11-10】 计算矩阵 $G=\begin{pmatrix}-2 & 1 & 1\\ 0 & 2 & 0\\ -4 & 1 & 3\end{pmatrix}$的特征值和特征向量。

[程序代码]

```
import numpy as np                                   #导入 Numpy 库
import numpy.linalg as la                            #导入 linalg 模块
G=np.array([[-2,1,1],[0,2,0],[-4,1,3]])   #输入矩阵 G
H=la.eig(G)                                          #将矩阵 G 进行特征值分解
print(H)
```

[运行结果]

```
(array([-1.,  2.,  2.]),
 array([[-0.70710678, -0.24253563,  0.30151134],
        [ 0.        ,  0.        ,  0.90453403],
        [-0.70710678, -0.9701425 ,  0.30151134]]))
```

结果解释:这个输出结果包括两个部分:第一部分 array([-1., 2., 2.]),表示矩阵 G 的特征值有 3 个,分别为-1,2,2;第二部分 array 代表 3 行 3 列的特征向量。

11.3 pandas 数据分析基础

11.3.1 导入 Excel 文件的数据

通过 pandas 模块可以从 Excel 工作簿中读取数据,也可以将处理后的数据写入 Excel 文件中,本节讲述如何将 c:\data\成绩单.xls 数据导入 jupyter 中,需要注意的是,指定的工作簿真实存在,并且处于不能处于打开状态。

【例 11-11】 现将 c:data 路径下的成绩单数据导入 Anaconda 中的 jupyter 里面。

[程序代码]

```
import pandas as pd
data=pd.read_excel('c:\data\成绩单.xls')
```

```
print(data)
```

[运行结果]

	姓名	语文成绩	数学成绩	英语成绩	计算机成绩
0	王晓	90	85	76.0	72
1	张伟	85	75	100.0	97
2	李东	73	100	NaN	99
3	陈果	87	90	65.0	84

结果解释:导入的数据是以二维数据表格 DataFrame 的形式存储的,其中 NaN 是因为 Excel 文件中没有这个数据,所以 Python 用 NaN 来替代缺失的数据。

11.3.2　创建 DataFrame 数据

数据导入可以看成是创建 DataFrame 数据的一种形式,常见创建 DataFrame 的方式可以通过列表、数组和字典来完成。本书介绍通过 Numpy 多维数组和字典来创建 DataFrame 对象。

创建 DataFrame 对象的语法结构为:

pandas.DataFrame()

从 Numpy 多维数组创建 DataFrame 对象。

【例 11-12】　利用 Numpy 多维数组创建如例 11-11 中输出的 DataFrame 数据。

[程序代码]

```
import numpy as np
import pandas as pd
data=np.array([["王晓",90,85,76,72],["张伟",85,75,100,97],
["李东",73,100,np.nan,99],["陈果",87,90,65,84]])
df1=pd.DataFrame(data,columns=["姓名","语文成绩","数学成绩","英语成绩","计算机成绩"])
print(df1)
```

[运行结果]

	姓名	语文成绩	数学成绩	英语成绩	计算机成绩
0	王晓	90	85	76	72
1	张伟	85	75	100	97
2	李东	73	100	nan	99
3	陈果	87	90	65	84

结果解释:第一输入缺失数据是利用的 np.nan,第二用多维数组建立 DataFrame 数据是利用的每一行数据。

从字典创建 DataFrame 对象。

【例 11-13】　利用字典创建如例 11-11 中输出的 DataFrame 数据。

[程序代码]

```
import numpy as np
```

```
import pandas as pd
data={"姓名":["王晓","张伟","李东","陈果"],"语文成绩":[90,85,73,87],"数学成绩":[85,75,100,90],"英语成绩":[76,100,np.nan,65],"计算机成绩":[72,97,99,84]}
df2=pd.DataFrame(data)
print(df2)
```

[运行结果]

	姓名	语文成绩	数学成绩	英语成绩	计算机成绩
0	王晓	90	85	76.0	72
1	张伟	85	75	100.0	97
2	李东	73	100	NaN	99
3	陈果	87	90	65.0	84

结果解释:注意字典建立 DataFrame 数据是利用的每一列数据。

11.3.3 DataFrame 基本操作

1)增加数据

增加一行直接通过 append 方法传入字典结构数据即可。

【例 11-14】 在例 11-13 输出结构的表中增加一个同学的成绩。(王东的语文成绩 98,数学成绩 100,英语成绩 73,计算机成绩 80)

[程序代码]

```
import numpy as np
import pandas as pd
data={"姓名":["王晓","张伟","李东","陈果"],"语文成绩":[90,85,73,87],"数学成绩":[85,75,100,90],"英语成绩":[76,100,np.nan,65],"计算机成绩":[72,97,99,84]}
df=pd.DataFrame(data)
data1={"姓名":"王东","语文成绩":98,"数学成绩":100,"英语成绩":73,"计算机成绩":80}
df1=df.append(data1,ignore_index=True)
print(df1)
```

[运行结果]

	姓名	语文成绩	数学成绩	英语成绩	计算机成绩
0	王晓	90	85	76.0	72
1	张伟	85	75	100.0	97
2	李东	73	100	NaN	99
3	陈果	87	90	65.0	84
4	王东	98	100	73.0	80

增加一列数据只要增加列赋值即可创建新的一列。

【例 11-15】 对例 11-13 输出结构的表中增加一门学科的成绩。(体育成绩:王晓 96,张伟 80,李东 77,陈果 80)

[程序代码]

```
import numpy as np
import pandas as pd
data={"姓名":["王晓","张伟","李东","陈果"],"语文成绩":[90,85,73,87],"数学成绩":[85,75,100,90],"英语成绩":[76,100,np.nan,65],"计算机成绩":[72,97,99,84]}
df=pd.DataFrame(data)
df["体育成绩"]=[96,80,77,80]
print(df)
```

[运行结果]

	姓名	语文成绩	数学成绩	英语成绩	计算机成绩	体育成绩
0	王晓	90	85	76.0	72	96
1	张伟	85	75	100.0	97	80
2	李东	73	100	NaN	99	77
3	陈果	87	90	65.0	84	80

2)删除数据

删除数据直接用 drop 方法。

【例 11-16】 删除例 11-15 李东同学的所有成绩。

[程序代码]

```
import numpy as np
import pandas as pd
data={"姓名":["王晓","张伟","李东","陈果"],"语文成绩":[90,85,73,87],"数学成绩":[85,75,100,90],"英语成绩":[76,100,np.nan,65],"计算机成绩":[72,97,99,84]}
df=pd.DataFrame(data)
df["体育成绩"]=[96,80,77,80]
print(df.drop(2))#李东同学所在 DataFrame 第 2 行
```

[运行结果]

	姓名	语文成绩	数学成绩	英语成绩	计算机成绩	体育成绩
0	王晓	90	85	76.0	72	96
1	张伟	85	75	100.0	97	80
3	陈果	87	90	65.0	84	80

11.3.4 统计函数

利用 pandas 可以进行各种类型的数据统计。限于篇幅,本书只讨论简单的相关分析方法。相关性研究变量之间依存方向与程度,是研究变量之间相互关系的一种统计方法。相关系数用来定量描述变量之间的相关程度。DataFrame 对象均采用 corr( ) 函数来计算变量之间的相关系数。

【例 11-17】 读取 c:\data\成绩单.xls 文件中的成绩数据,计算各门课程之间的相关系数。

[程序代码]

```
import pandas as pd
data=pd.read_excel('c:\data\成绩单.xls',index_col="姓名")
print(data.corr())                                   #所有成绩的相关系数
print("\n",data.loc[:,["语文成绩","数学成绩"]].corr())#语文成绩与数学成绩的
相关系数
```

[运行结果]

```
             语文成绩      数学成绩      英语成绩     计算机成绩
语文成绩     1.000000   -0.676559   -0.580940   -0.782529
数学成绩    -0.676559    1.000000   -0.999777    0.140130
英语成绩    -0.580940   -0.999777    1.000000    0.687422
计算机成绩  -0.782529    0.140130    0.687422    1.000000

             语文成绩      数学成绩
语文成绩     1.000000   -0.676559
数学成绩    -0.676559    1.000000
```

结果解释:数据分析中往往通过计算两个变量之间的相关系数建立模型去模拟数据。

11.4 Matplotlib 绘图基础

11.4.1 Matplotlib 模块概述

Matplotlib 是 Python 最著名的绘图工具包,提供了一整套在 Python 下实现的和 MATLAB 相似的命令 API,非常合适交互式绘图制表。Matplotlib 的依赖于 Numpy 模块可以绘制多种形式的图形,包括散点图、折线图、直方图、饼图和箱线图等,并且可以实现科学计算结果的可视化显示。使用 Matplotlib 模块绘图主要用 Matplotlib.pyplot 模块。为了实现

就快速绘图，Matplotlib 的子模式 pyplot 提供了与 MATLAB 类似的绘图 API，用户调用 pyplot 模块所提供的函数就可以实现快速绘图，并设置图表的各种细节。

导入语法：

import matplotlib.pyplot as plt

11.4.2　绘制基本图形

1）绘制散点图

散点图也称为散点分布图，是一个变量为横坐标，另一个变量为纵坐标，使用散点的分布形态（趋势）反映特征间统计关系的一种图形。可利用 matplotlib.pyplot.scatter( )来绘制散点图。

【例 11-18】　甲公司 2020 年 1 月 1 日到 2020 年 1 月 10 日的每天的销售收入、销售成本见表 11-1。

表 11-1　销售收入、销售成本表

时　间	销售收入	销售成本	时　间	销售收入	销售成本
1 月 1 日	35 000	17 541	1 月 6 日	65 842	44 874
1 月 2 日	35 841	18 457	1 月 7 日	54 853	33 548
1 月 3 日	25 842	10 584	1 月 8 日	52 148	2 540
1 月 4 日	48 572	20 152	1 月 9 日	65 482	47 842
1 月 5 日	14 082	6 584	1 月 10 日	34 859	15 749

根据表格中的数据绘制销售收入与销售成本的散点图。

[程序代码]

```
import matplotlib.pyplot as plt
import numpy as np
x =[35000,35841,25842,48572,14082,65842,54853,52148,65482,34859]
y =[17541,18457,10584,20152,6584,44874,33548,2540,47842,15749]
plt.scatter(x,y)
plt.rcParams["font.sans-serif"]=["SimHei"]                #显示中文
plt.title("销售收入与销售成本散点图")                      #散点图的题目
plt.xlabel("销售收入")                                     #x 轴的名称
plt.ylabel("销售成本")                                     #y 轴的名称
plt.show()                                                 #显示图形
```

输出结果如图 11-1 所示。

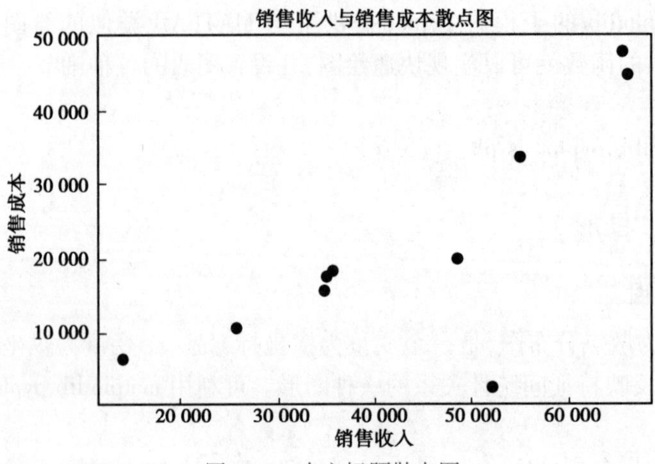

图 11-1　中文标题散点图

2)绘制折线图

【例 11-19】 利用例 11-18 中的数据绘制折线图。

[程序代码]

```
import matplotlib.pyplot as plt
import numpy as np
x =[35000,35841,25842,48572,14082,65842,54853,52148,65482,34859]
y =[17541,18457,10584,20152,6584,44874,33548,2540,47842,15749]
plt.plot(x,y)
plt.rcParams["font.sans-serif"]=["SimHei"]                #显示中文
plt.title("销售收入与销售成本折线图")                       #折线图的题目
plt.xlabel("销售收入")                                     #x 轴的名称
plt.ylabel("销售成本")                                     #y 轴的名称
plt.show()                                                 #显示图形
```

输出结果如图 11-2 所示。

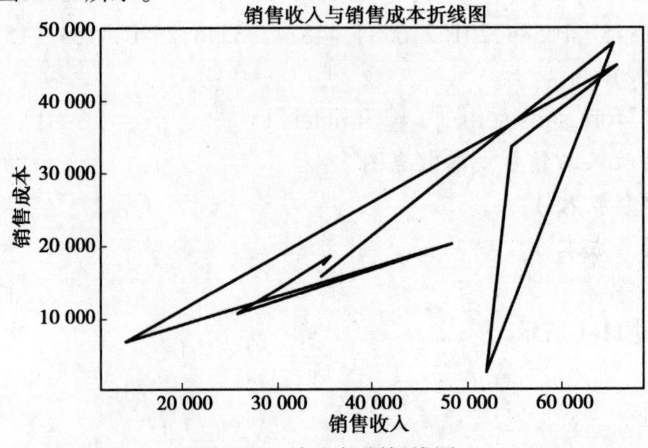

图 11-2　中文标题折线图

对比两幅图形,从散点图中能看见随着销售收入的增加销售费用是增加的,而折线图中完全没有规律可循,需要注意的是在使用折线图时对数据排序就能得到相应的结果。

排序后的折线图如图 11-3 所示。

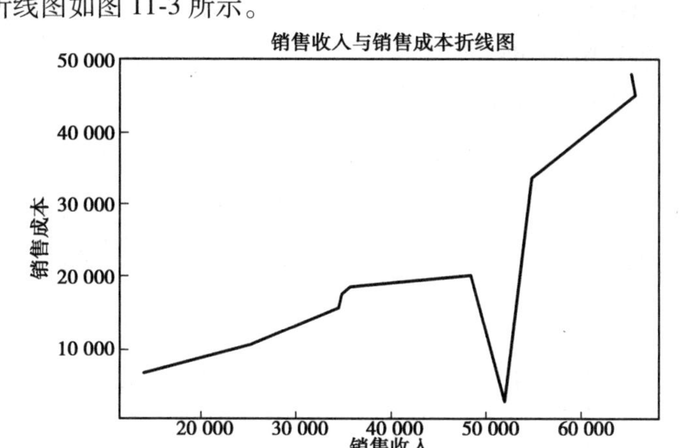

图 11-3 排序后的折线图

因此,在处理数据时需要对数据进行排序,才能得到相同的结论。

11.4.3 绘制函数曲线

利用 matplotlib.pyplot 绘制函数图形。

【例 11-20】 画出 y=|sin x|的函数图像。

[程序代码]

```
import numpy as np
import matplotlib.pyplot as plt
x = np.linspace(0, 2 * np.pi, 100)
y = abs(np.sin(x))
plt.plot(x,y)
plt.show()
```

输出结果如图 11-4 所示。

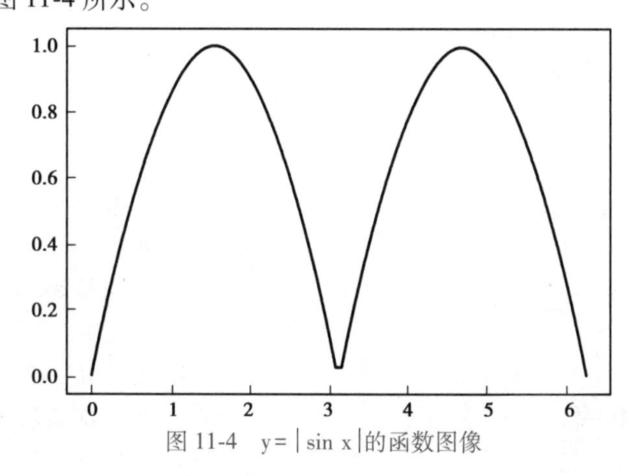

图 11-4 y=|sin x|的函数图像

【例 11-21】 画出 $y=3^x$ 的函数图像。

[程序代码]

```
import numpy as np
import matplotlib.pyplot as plt
x = np.linspace(0, 2 * np.pi, 100)
y = abs(np.sin(x))
plt.plot(x,y)
plt.show()
```

输出结果如图 11-5 所示。

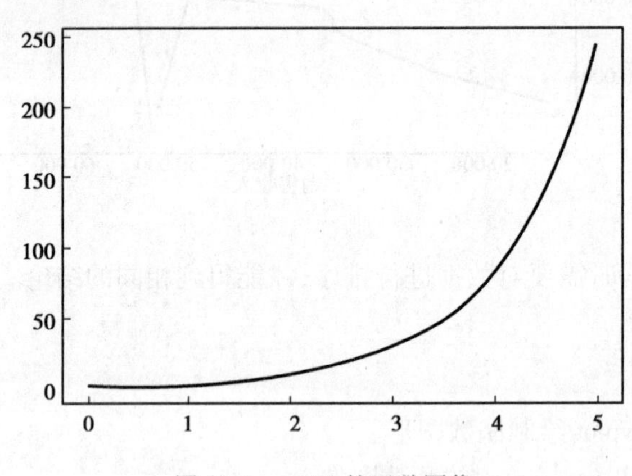

图 11-5 $y=3^x$ 的函数图像

11.4.4 绘制多个图形

在实际问题中,通常需要将多个图像放在同一框中进行比较分析。

【例 11-22】 将函数图像 $y=|\sin x|$ 与 $y=3^x$ 放在同一张图中。

[程序代码]

```
import numpy as np
import matplotlib.pyplot as plt
x= np.linspace(0, 2 * np.pi, 500)              # 创建自变量数组
y = abs(np.sin(x))                             # 创建函数值数组
z = 3 * * x
plt.figure()                                   # 创建图形
ax1 = plt.subplot(2,2,1)                       # 第一行第一列图形
ax2 = plt.subplot(2,2,2)                       # 第一行第二列图形
plt.sca(ax1)                                   # 选择 ax1
plt.plot(x,y)
plt.sca(ax2)                                   # 选择 ax2
plt.plot(x,z,'b--')                            # 绘制蓝色曲线
```

plt.show( )

输出结果如图 11-6 所示。

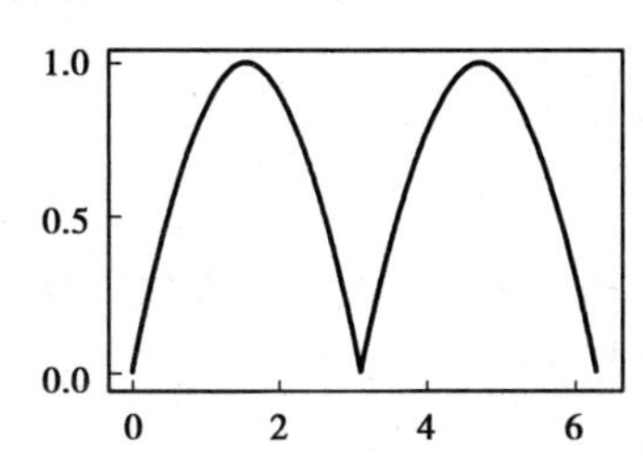

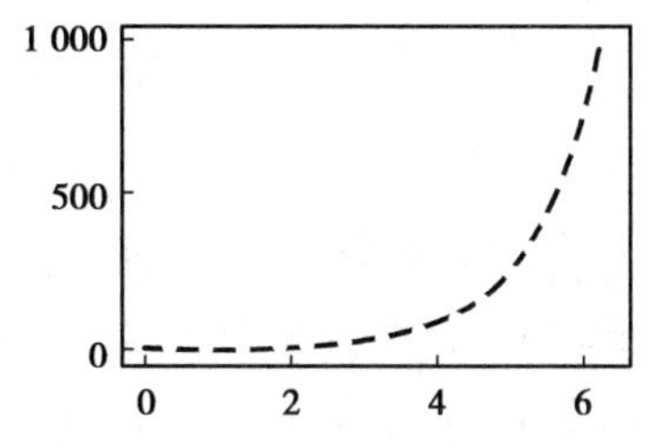

图 11-6　比较分析图

参考文献

[1] 严蔚敏,吴伟民. 数据结构:C 语言版[M]. 北京:清华大学出版社, 2007.

[2] 谭浩强. C 程序设计[M]. 5 版.北京:清华大学出版社, 2017.

[3] 黑马程序员. Python 快速编程入门[M]. 北京:人民邮电出版社, 2017.

[4] 董付国, Python 程序设计[M]. 2 版. 北京:清华大学出版社, 2016.

[5] 嵩天, 礼欣, 黄天羽. Python 语言程序设计基础[M]. 2 版. 北京:高等教育出版社, 2017.

[6] 刘卫国. Python 语言程序设计[M]. 北京:电子工业出版社, 2016.

[7] 江红, 余青松. Python 程序设计与算法基础教程[M]. 北京:清华大学出版社, 2017.

[8] 吕云翔,等. Python 程序设计基础教程[M]. 北京: 机械工业出版社, 2018.

[9] 刘庆, 姚丽娜, 余美华. Python 编程案例教程[M]. 北京: 航空工业出版社, 2018.

[10] 刘浪. Python 基础教程[M]. 北京:人民邮电出版社, 2015.

[11] RYAN Mitchell. Python 网络数据采集[M]. 北京:人民邮电出版社, 2016.

[12] 杨年华, 柳青, 郑戟明. Python 程序设计教程[M]. 2 版. 清华大学出版社, 2019.

[13] Wes McKinney. Python for Data Analysis: 影印版[M]. 南京: 东南大学出版社, 2013.

[14] BROWNLEY C W. Foundations for analytics with Python: from non-programmer to hacker[M]//Foundations for Analytics with Python: From Non-Programmer to Hacker. O'Reilly Media, Inc. 2016.

[15] LIU J , ANDRÉS V. Pandas, Plants, and People 1, 2[J]. Annals of the Missouri Botanical Garden, 2014 (100):108-125.